感性領導

以員工為中心的卓越管理

宋希玉 — 著

用「心」管理，不是用「薪」管理

讓關懷、聆聽和信任成為領導利器

以人性化的領導方式提升團隊效率！

輕鬆做主管 Be a relaxing manager

用「心」管理，不是用「薪」管理

目錄

第三章　學會扮演一名傾聽者

目錄

目錄

輕鬆做主管 Be a relaxing manager
用「心」管理，不是用「薪」管理

前言

《孫子兵法》說：「克敵，攻城為下，攻心為上。」在管理上，這個道理同樣適用。

目前，企業面對著嚴峻的競爭和挑戰，單憑個人或少數幾個人組成的管理層，不足以在挑戰中克服困難，在競爭中贏得勝利。如果管理者不能用心履行自己的職責，管理技巧簡單粗淺，勢必會影響管理的效果，降低管理的效率。如果這個問題得不到有效的解決，勢必會為企業的發展造成致命的傷害。

管理的意義就在於，管理者與下屬一起完成工作，共同創造高績效。用心管理作為現代管理者的一項重要素養，要求和企業管理的一個重要課題，必須盡快解決。在完成工作的過程中，規劃未來、部署工作要用心，指導員工正確工作要用心，創造高績效的團隊文化要用心，開拓創新要用心。唯有不斷用心，管理目標才能被完成並做得更好，唯有不斷用心，管理者和員工才能在工作中不斷獲得提升和超越，總之一切都離不開用心。

從某種程度上說，管理者的用心程度，與其優秀程度和工作業績成正比，用心管理比直接「用薪管理」意義更為深遠、效果更好。管理者需要具備以下心態：應像尊重自己一樣尊重員工，始終保持一種平和的心態。這樣才能讓員工感受到被尊重，員工才願意和你共事，為企業的發展出謀劃策。當你不斷對員工表達期望的時候，管理就有可能收到意想不到的效果。不過值得注意的是，你要透過恰當的方式，讓員工知道你對他的期望。只有管理者和員工站在平等的地位，把員工當成工作中不可缺少的合作

輕鬆做主管 Be a relaxing manager

用「心」管理，不是用「薪」管理

夥伴，注意培養員工的主動性和自我管理能力，把員工培養成工作的盟友，才能提高績效水準。管理者不但能很好的傳達自己的理念，表達自己的想法，更能形成個人的影響力，然後用影響力和威信管理員工，使員工心情舒暢的工作。

溝通是管理的常用方法，也是諸多問題的癥結所在。如果溝通不好，則可能會生出許多管理者意想不到的問題，造成管理混亂，低效率，甚至員工離職問題。一旦管理者掌握了溝通的技巧並能熟練運用，將會把工作當成一件快樂的事情。因此，現代管理者要保持溝通之心，讓溝通成為你的工作利器。

管理者要充分利用手中的職權和現有資源為員工提供幫助，為其清除障礙，致力於無障礙工作環境的建設，讓員工體驗到管理的高效率，這也是鼓舞員工士氣的一種方式。

只有把應該授予的權力授予員工，員工才會願意對工作負責，才會更有把工作做好的動機。管理者必須在授權上多加用心，把授權工作做好，讓授權成為管理員工的法寶。

用心管理不是簡單的要求管理者要有責任感，要具備奉獻精神，當然這些基本的素養要求必不可少。但是，用心管理更多的是要求管理者能夠在其位、謀其政、負其責，把應該做好的事情做好，把應該管好的人管好，真正擔負起管理者的職責，做一個高績效的管理者，創造高績效的團隊文化，管出高績效的員工。

總之，本書適合於企業中、基層管理者，以及那些具有升職希望的優秀員工閱讀，作為自我培訓的進階讀本。另外，作為工具書或培訓教材，本書還適合從事管理諮詢與管理培訓工作的職業管理顧問閱讀。當然，本書對於行政事業單位的中、基層管理者來說，亦具有極強的參考價值。

本書在編寫過程中參考和借鑒了大量的資料，在此向原作者表示感激，由於時間倉促，書中難免有不足之處，歡迎廣大讀者批評指正。

第一章　擁有關懷員工的情操

管理者對員工的關懷必須是發自內心的，視他們如同自己的家人，時時以對方的利益為重，不僅關懷他們的工作品質，還要關懷他們的家庭生活；不僅關懷優秀的員工，更要關懷失敗的員工，並給他們一個遠大的前程。

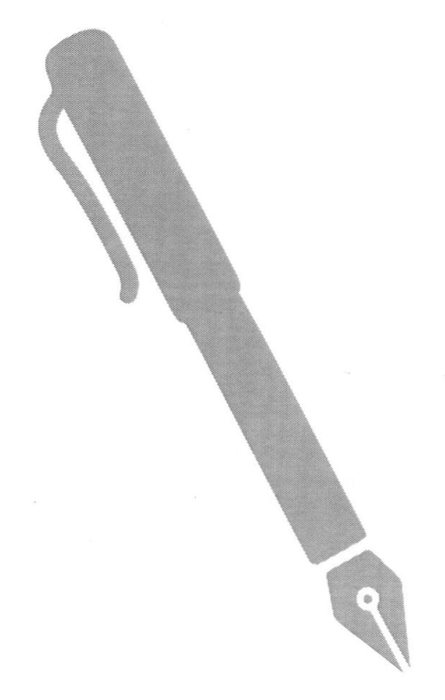

把員工當成兄弟姐妹

有這樣一句名言：「你（管理者）是怎樣對待員工的，員工就是怎樣對待顧客的。」這可以說是一條真理，被一遍又一遍的驗證著。這就是我們必須強調人性化管理的原因。在企業管理中，每一個管理者都想管理好手下的員工，進而成為一名優秀的管理者，問題是：有幾個管理者能擁有關懷員工的心態？

一個企業，特別是一些大型企業，其管理者具有一般員工所沒有的權力和地位。如果你總是在員工面前板著臉，或者動不動就喝斥、責罵員工，這樣的管理者是沒辦法讓員工主動去親近的。士為知己者死，一個沒有架子、平易近人、關心員工而又有人情味的管理者，是每一個員工都喜歡並甘願供其驅使的。劉備如果不善待趙子龍，趙子龍又豈能捨生忘死的七進七出救劉禪後主？只有尊重員工，愛護員工，把員工當成兄弟姐妹，主動與員工交心，主動關心員工疾苦，這樣的管理者才能得到員工的信賴和支持。無論是從經濟上還是從法律上講，管理者與員工的地位是平等的，並沒有高低和貴賤之分。作為一個企業或者部門的管理者，只有把員工當成兄弟姐妹，經常與員工保持零距離接觸，不定期和員工交心、談心，隨時掌握員工思想動向，認真了解員工疾苦，以理服人，以情動人，才能得到員工的敬愛、尊重、信賴和支持。

一天，在新光飾品有限公司裡，紅紅的燭光把員工們的臉龐映照得通紅。這是新光公司正在為百名員工集體過生日，這是新光公司的傳統。新光公司有兩千多名員工，人員眾多，對此，公司董事長周曉光專門建立了員工檔案，給過生日的員工們送上生日蛋糕、生日賀卡及其他禮物。此時此刻，一些員工激動的說：「新光公司溫馨似家，董事長對我們親如兄弟姐妹，我們一輩子願意在新光公司工作。」

第一章 擁有關懷員工的情操

把員工當成兄弟姐妹

周曉光認為員工是公司最重要的「資產」，也是自己的兄弟姐妹，他們關係著公司的成敗。對自己的員工必須尊重和欣賞，時刻關心他們個人的物質需要和精神需要。她常常對公司的員工說，她原先也是一名打工者。她說，貧窮並不可怕，怕的是人沒志氣。只要自己勤奮努力，總有戰勝困難、走向成功的一天。公司有一名叫盧鳳娥的員工到了臨產期，但父母不在身邊，丈夫也在別的企業加班。周曉光聽到員工的報告後，馬上把盧鳳娥送至區域醫院檢查，忙這忙那始終守候在盧鳳娥身邊。當聽說剛出生的嬰兒即將窒息，急需送大型醫院搶救時，周曉光立即用自己的轎車將盧鳳娥送至大型醫院。晚上，周曉光又把一碗熱呼呼的紅棗核桃湯送到盧鳳娥面前。

周曉光對待自己的員工如此，對待員工的家屬也是如此。只要員工的家庭有困難，她就把他們的困難當作自己的困難，並盡力給予解決。有一次，員工李荷花的母親發生了車禍不幸去世。周曉光聽到這個消息後，一邊安撫李荷花，一邊資助了安葬費。當李荷花的親戚朋友到場後，周曉光又為他們安排吃住的地方，回去時又給他們車馬費，直至這一事件妥善處理完畢。

對待已經不是公司員工的員工，只要他們有困難，周曉光依然幫助解決。有一名姓汪的員工先是違反規定，擅自離開崗位，後來又自動離職，在另一家企業找了一份工作。有一次，這位姓汪的打工者被一輛汽車撞得不省人事。新光公司的員工看到這一情景後，報告了周曉光。周曉光立即趕到把他送至醫院，並安排公司其他員工照顧他。在生產緊張、人手緊缺的情況下，周曉光每天都派出員工晝夜照顧這名昔日的員工。醫藥費不夠又是周曉光給予援助。事後，這名打工者動情的說，自己早已不是新光公司的員工了，但周曉光不計前嫌依然像家人一樣照顧他，他此生水遠也不會忘記。

周曉光堅決反對一些公司和組織把員工當成賺錢的工具，認為應該把員工當作家人來看待。

正如江蘇揚州巨人機械有限公司負責人所說：「我們就是要把員工當作自己兄弟姐妹，讓他們從心底有一種對公司的歸屬感和自豪感。」該公司免費提供一日三餐，食譜還不斷徵求員工意見。從董事長到普通員工，一律在員工餐廳就餐；職員遇到婚喪嫁娶，董事長親自登門祝賀或弔唁，如有需要免費提供車輛；每位主管定期與員工進行談話，關心職員負面心理，及時發現、疏導不良情緒，努力為職員創造和諧的人際關係。豐富員工的精神文化生活是企業關愛員工、創建企業文化的重要組成部分。公司成立了籃球隊、藝術團等隊伍，讓員工在工作之餘可以自娛自樂，放鬆身心。新春慶祝會、趣味運動會、籃球賽等活動藝文及體育活動貫穿於全年的工作中，讓員工們真正感受到了大家庭的快樂。

就好比你的一個家庭，你的兄弟姐妹，每個人不管在外面受多大的苦，可是回到家裡就會感覺到溫暖。哪怕你家的生活條件不是很好，你也能體會到，這是因為家在你心中有一個很重要的地位。正是這種重要的地位使你每時每刻都對家產生了一種牽掛，這種牽掛實際上就是一種愛，只有有了愛才能體會到溫暖，你就會努力的愛護這個家庭，忠於這個家庭。

對企業也是一樣，有些企業的管理者可能沒有很高的學歷，但是卻能意識到人性化管理的重要性，能從衣食住行直到職業發展等各個方面給予員工無微不至的關心，真正把員工當成自己的兄弟姐妹看待。如果管理者把員工當成自己的兄弟姐妹，把自己融入這裡面，認真的去做，不唱高調，員工就會信任你這個組織，煥發出巨大的工作熱情，使企業在激烈的市場競爭中不斷發展、壯大，實現企業與員工的雙贏。

以員工利益為重

員工與公司的矛盾、員工與員工的矛盾、各部門和分支機構之間的矛盾，總是不可避免的。顯然，如果企業內部的矛盾過於激烈，就會影響企業的整體利益，弱化企業的競爭力。實際上，不論是員工與公司的矛盾，還是部門之間的矛盾，歸根究柢都是由人引起的。因此，要想避免出現內部矛盾，首先必須要求員工有廣闊的胸懷，時時刻刻以企業的整體利益為重，而不是片面追求部門利益或個人利益。

以上是摘自某管理教材的一段話。我們從中可以看出，作者總是在單方面強調企業的利益，而忽視員工的利益。有些自以為聰明的管理者，喜歡利益獨吞。對於這樣的人，相信他的員工不會不知道。對貪心的管理者，員工自然不會為他賣力。如今在越來越高效率化、高量產化的社會生產中，管理者能不能充分調動人才的工作熱情和智慧，對公司的生存與發展是至關重要的。那種要讓馬兒好，又不讓馬兒吃草的做法顯然是行不通的。如果管理者口口聲聲說：「公司是個大家庭，你們要像愛自己的家一樣愛它，公司的發展關係著你們的利益和前途，你們要好好做，公司發展了，分紅大夥都有份！」而到了年終，管理者好像忘了以前他所說過的話，做的是另一碼事，賺錢是自己的，根本就沒有員工的份。我們由此就能想到那些辭職走人的員工是為什麼了。黑心的管理者違背了關懷員工的基本原則，為了賺錢拼命壓榨員工，讓公司人員滿載負荷，甚至超負荷的工作，工作強度極高，薪水卻極少。有的管理者，為了提高利潤大幅度減員，於是人員由一百人減至五十人，生產量卻由一百件增為兩百件。久而久之，員工對這種拼命的剋扣和壓榨非常反感，弄得公司怨聲載道，有能力的人紛紛跳槽，走不了的背地裡咒罵。沒有公平公正的給予員工應該給予的勞動所得及報酬，試想，誰會在這樣的企業待下去？更別說管理者沒有關懷員工的心態。

輕鬆做主管 Be a relaxing manager

用「心」管理，不是用「薪」管理

公司在激烈競爭中能夠不斷的發展壯大，財源滾滾而來，管理者實在是功不可沒。他們理應獲得豐厚的回報，自己多得一些。然而，一個高明的管理者不會把利益獨吞，而是採取利益分享的策略激勵員工。這是市場經濟條件下企業利益可取的分配原則，是對員工勞動價值的承認，讓員工共用企業的發展成果，也是現代企業管理之要義。關心、愛護員工，尊重、理解員工，從一定意義上說，就是企業這個大家庭，要努力營造一個良好環境，把每個員工都當作家庭一員對待，營造家的溫馨，才能形成親和力和向心力。

一九二九年，英國約翰·路易士合夥公司與其他企業一樣，也陷入全球經濟大蕭條之中。但掌門人約翰·路易士卻逆流而上，創造出一種舉世震驚的企業所有權制度：所有員工都是合夥人，擁有公司股份。他要求公司為「終極目的」而努力：「為所有成員謀幸福——讓他們有價值且令其滿意的受雇於成功的本公司」。這項制度在約翰·路易士合夥公司沿用至今。現在，它已成長為由六萬九千名員工共同擁有、年銷售額達到六十九億英鎊的英國零售企業龍頭。

約翰·路易士合夥公司跟其他企業一樣，過去兩年來也在應對金融危機，但是顧客在那裡的感受是和別的地方不一樣的。英國《金融時報》專欄作家麥可·斯卡平克描述道，約翰·路易士各家店面裡的氛圍，與其他任何一家公司都截然不同。「員工服務更加周到和專業。他們是公司的主人，而這一點會透過他們的行為舉止反映出來。」

這正如中國遠洋運輸（集團）總公司張富生所說：員工利益無小事。當頭頭的只有全心全意為員工著想，員工才能為企業出力，才能建設好一支穩定的員工隊伍。尤其像我們這樣流動性特別強的單位，更應該這樣。有一句話說得好，「沒有航海員的貢獻，有一半的世界在受凍，另一半的世界在挨餓」。航海員是當今國際海運乃至經濟發展的重要人力因素。提高航海員待遇，解決航海員的後顧之憂，航海員才能安心工作。

其實，像英國約翰·路易士合夥公司這樣把員工的利益放在第一位的企業，國電平莊煤業公司風水溝礦就是一個活生生的實例。

風水溝礦本著「以人為本、員工為先、基層為重」的原則，尊重員工，善待員工，腳踏實的為員工解決困難，切實維護了員工的經濟利益和勞動權利。

風水溝礦為使送溫暖活動經常化、制度化，為特困員工建立了檔案，對困難員工實行動態管理、分類建檔，為開展送溫暖工作提供了可靠依據。每年元旦、春節、中秋節期間，有組織的給全礦員工購買節日食品，走訪慰問病傷、特困員工。共救濟困難職員三百零一戶，發放救濟款二十二萬八千元。還為五名傷病困難員工捐款十萬元，建立了「溫暖工程基金」。目前，「溫暖工程基金」滾動運行總額達到五百七十萬元，累計為一千一百五十一戶困難職員家庭解決急難問題。該礦還集中開展了「金秋助學」活動，給五十二名考入本科院校的特困員工子女發放助學金近五萬元。二〇一〇年，該礦又為員工辦理了十件實事：對井下採掘工作面和運輸系統進行全面防塵改造，同時給井下工人配備了過濾效能最好的防塵口罩。工人們認為這是關心職員健康，治理工作環境，具有超前意識的一大「亮點」工作；組織全礦員工進行了健康體檢，包括職業病檢查，建立了員工健康檔案；投資十八萬元，在綠化美化採礦區的住宿樓層的同時，建造了一千六百平方公尺的停車場，解決了員工上班車輛停放的後顧之憂；投資九十五萬元對洗浴設施再次進行改造，在改造洗浴設施的同時，重新改造了烘乾系統、工作服清洗系統，使井下淋濕的工作服及時得到烘乾；為井下工人供應熱豆漿已堅持了四年，專設了豆漿供應房，員工入井前和升井後能喝上熱豆漿。暑期又增加了防暑綠豆湯，深受工人歡迎；員工的勞動保護也由原來的一年一套改為每半年一套；組織勞動模範、先進個人外出參觀學習。十件實事件件得到了落實，受到了員工的好評。

風水溝礦透過積極為員工辦實事、做好事、解難事，進一步密切了與員工的關係，增強了工會組織

輕鬆做主管 Be a relaxing manager
用「心」管理，不是用「薪」管理

的凝聚力，促進了企業的穩定發展，充分發揮了組織在構建和諧企業中的作用。

有句話說得好，「得人心者，得天下；失人心者，失天下」。作為管理者，必須在經營管理決策上下工夫，不斷提升自己經營的能力，而不應該在員工身上斤斤計較，百般剋扣，這樣做有悖天理。管理者要想得人心應當忠實的實施利益分享的原則。利益分享是當今時代的一條重要的用人原則，也是對員工的一種關懷策略。平時給員工薪水適當高一些，讓員工有做有得，有功更有賞，隨著公司收益的大幅度提高，員工也能從中受益更多。每一個管理者都要記住，學會關懷員工並把他們的利益放在首位，企業將會獲得巨大的成功！

關心員工的身心

喜劇大師卓別林的經典電影《摩登時代》中有這樣一個鏡頭：羊群蜂擁而過，大群工人走進工廠。這暗喻工人命運和羊群一樣，為維持沒有內容的生活成為機器的零件，為生產線所奴役，以精神與肉體的雙重付出為代價。而到了二十一世紀的今天，許多企業的員工的處境與其並無太大的差異。

可以說，不關心員工身心健康的管理者不是好的管理者，不關心員工身心健康的企業是不負責任的企業，這樣的管理者和企業是沒有未來的。幸運的是，越來越多的企業已經意識到這個問題的嚴重性，人本管理、人性關懷已成為時代趨勢和國際潮流。以人為本，在企業中表現為以員工的身心健康為本，一些企業也紛紛採用薪資、福利和培訓等方式激發員工的主動性和積極性，幫助員工解決心理問題。

早在十幾年以前，微軟向世界正式推出 Windows 95 產品時，進行了一場聲勢浩大的市場推廣活動，它整合了行銷溝通中的各個層面，包括公共關係、實踐行銷、廣告企劃和零售刺激。所有的這些溝通活動展示了整個行銷溝通的偉大力量，同時也展現了微軟行銷部門和所有參與這次活動的其他部門的統一團隊精神。

這場盛況空前的行銷傳播活動在全球持續進行，前後歷時二十四個小時，活動費用超過兩億美元。整個行銷活動從紐西蘭首都威靈頓開始，首先力推第一張 Windows 95 軟體。隨後，活動向西移至澳大利亞，一個巨大的 Windows 95 貨櫃被拖船運送到雪梨港。整個行銷活動聲勢之浩大，影響之廣泛是以前很少見的。微軟在波蘭做宣傳時，租了一艘全封閉的潛水艇裝載記者。微軟用全封閉沒有窗戶的潛水艇做宣傳，目的很明顯，它暗示著「如果人類生活在沒有窗戶即沒有 Windows 95 的世界上，生活將會怎麼樣？」此外，微軟公司在美國總部舉辦的一場 Windows 95 嘉年華會也值得眾多業內人士推崇。這

輕鬆做主管 Be a relaxing manager
用「心」管理，不是用「薪」管理

場嘉年華會透過互聯網向全世界現場直播。

當嘉年華會進行到最後時刻，比爾．蓋茲和美國著名電視節目「今晚秀」的主持人傑．雷諾一起登場亮相，把這場大型的市場行銷傳播活動推向高潮。這一個個別出心裁的活動，都是出自眾人的智慧，集眾人的力量而完成的。這場聲勢浩大的市場行銷傳播活動投入了大量的人力，一個團結、步驟協調一致的團隊在其中所起的作用顯而易見。在這次大型市場推廣活動中，一百二十多家公司受雇於微軟出謀劃策，制定有效策略並執行。幾千人組成的團隊參與了這場新產品推向世界的行銷活動。組成成員中包括微軟的高層管理人員、公司外部的軟體銷售商和當地的零售商。一個由六十人組成的公司行銷團隊專門從事整個活動的協調工作。每一個微軟產品部門則專門負責制定和執行自己的促銷計畫。

可以說，沒有微軟各個部門、各個層級的員工合作，就沒有 Windows 95 成功的市場推廣。這些都有賴於所有參與者的精誠合作。

企業的成功依靠的是團隊，而不是個人。那麼我們的管理者因此想到了什麼？那就是要多多關心員工的身心，努力給他們一個充滿友善的工作環境。

緊張的節奏、激烈的競爭、過度的工作壓力等，使員工長期處於疲勞、煩躁、壓抑的精神狀態下。各種負面情緒如不及時宣洩，不僅嚴重危害員工的身心健康、降低工作效率，還會影響企業的效益和發展。因此，關心員工要從關心他的身體健康開始。曾經在世界手機行業占據「大哥大」地位的摩托羅拉公司的總裁保羅．蓋爾文，他成功的企業管理經驗就是從關心員工的身體健康入手，進而贏得員工的心。

在摩托羅拉公司，無論是員工本人還是員工的家人生病了，總裁保羅．蓋爾文說得最多的一句話是：「你真的找到最好的醫生了？如果有什麼問題，我可以向你推薦這裡看這種病的醫生。」在這種情況下，醫生的帳單是直接交給他的。在經濟不景氣的年代，員工們最怕失業，為了保住飯碗，他們最怕生病，尤其怕被主管知道。比爾．阿諾斯是摩托羅拉公司的一位採購員。他現在的兩個擔心都發生了。他的牙病非常嚴重，不得已，只好放下緊要的工作，因為他實在無力去工作了。他的病還被蓋爾文知道了。

蓋爾文看到他痛苦不堪的樣子，非常心疼，說道：「你馬上去看病，不要想工作的事，你的事我來想好了。」阿諾斯做了手術，手術很成功。他知道憑自己的普通收入是難以承受手術費的，而他卻從未見到帳單。他知道是蓋爾文替他出的手術費用。他多次向蓋爾文詢問，得到的回答是：「我會讓你知道的。」阿諾斯勤奮工作，幾年後，他的生活大有改善。一次，他找到蓋爾文。「我一定要償還您代我支付的那個帳單的錢。」「你呀，不必這麼關心這件事。忘了吧！朋友，好好做。」阿諾斯說：「我會做得很出色的，但我還是要還您的錢——是為了使您能幫助其他員工醫好牙病、當然還有別的什麼病。」蓋爾文說：「謝謝，我先代他們向你表示感謝！」告訴大家一個感人的數字，阿諾斯的手術費是兩百美元，這對蓋爾文來說是一個小數目，可是這兩百美元代表的價值是對員工的關懷和尊重。

一個大公司的總裁能這麼真摯的表達他對員工的關懷和愛護，其情意會令任何一位員工感激涕零，同時，員工為報答總裁對自己的深情厚誼，會加倍的工作來表明他們對企業的忠心。這樣的故事在摩托羅拉公司發生實在是很平常的事了。常言說：有付出就有回報。蓋爾文對員工的付出感動了很多人，許多員工在摩托羅拉一做就是好多年。由於全體員工盡心竭力的工作，摩托羅拉公司在短短的幾年中就在手機行業占據了龍頭老大的位置。

管理者應該明白，關心員工的身心健康，就是關心企業的健康成長和持續發展。因為我們看到，在損害員工身心健康、導致員工身心疾病的原因當中，有企業制度不合理、不科學的弊端對員工的嚴重束縛；有企業運營機制、管理機制不健全對員工的嚴重傷害；有劣質或過時的企業文化對員工的嚴重困擾等。這些因素，既是損害員工身心健康的職業壓力，也是阻礙企業健康成長和持續發展的強大阻力。大量調查研究都顯示，由這些因素形成的過重的、不當的職業壓力，不僅損害員工的身心健康，而且損害企業組織的健康。因此，關心員工的身心健康，幫助員工克服或減輕職業壓力，就是消除企業或組織前進的阻力，解開束縛企業發展的枷鎖。

儘管企業並沒有法律上的責任解決員工的精神困擾，但有必要為他們提供適當的幫助，因為這不僅符合員工的利益，也符合企業的利益。企業的健康有賴於員工身心的健康。最後送您一句話：得人心者得市場，關心員工身心健康者得人心。

重視員工的工作

身為管理者的你，是否始終無法看到自己的團隊積極進取、傾力貢獻？團隊會議上，參會成員一灘死水，沒有人回應計畫，沒有人對方案提出異議，沒有人提出管理上的建議和意見，沒有人提出任何創新想法，只等著散會；團隊成員每天到點上下班，看上去沒有人願意在公司多待一分鐘；每天工作按部就班，像是生產線上的作業員，可是到了用餐閒聊的時間又是一派熱鬧的景象。員工一聽到加班，抱怨連天，工作儼然成了煎熬。

你是否承受著業績不佳的壓力，還得不到團隊成員的信任和支持？上級不斷施壓，卻拿不出成果證明自己的領導能力。團隊工作沒有效率，業績平平。自己的領導力毫無用武之地，團隊成員永遠遙不可及，你不信任他們能做出出色的成績，他們也不信任你是個為員工考慮的管理者。你無法真正了解他們需要什麼，無法調和他們之間的矛盾衝突。你無法真正參與到這個團隊，無法使這個團隊煥發生機，無法讓你的團隊做出優異的成果。所有的一切原因是：你沒有重視員工的工作。

英國曼聯足球隊是世界足壇上的一顆明星，打造這顆明星的是蘇格蘭人佛格森。自從佛格森一九八六年首次接管曼聯隊，他就意識到需要一個有效的培養後備力量的計畫。他說：「我們必須警惕，那些正在球場上的隊員會逐漸衰老，這是我們不可克服的，但是我們需要花費足夠的心思來關心哪些符合條件、擁有堅實素養，並執著堅持要加入到一軍隊伍的年輕力量。」他明確表示：「我管理一個球隊的目標是，為一個俱樂部將來幾年、甚至幾十年的成功打下基礎。曇花一現的成功永遠滿足不了我。」於是，他著手為俱樂部在未來幾年甚至是幾十年中取得成功打基礎。他重新建立了人才，甄別體系，並著重關心那些優秀隊員的訓練、休息、比賽等情況。正是在這種時刻關心的前提下，誕生了吉格斯、內維爾兄弟、斯科爾斯和大衛・貝克漢。從一九八六年到二〇〇七年，曼聯隊在佛格森的帶領下共獲得包括英超、足總盃、聯賽盃、歐洲盃、歐洲優勝者盃、超級盃、俱樂部世界盃（豐田盃）等在內的總共十八座冠軍獎盃。一九九九年六月，他因率領曼聯隊在一九九八－一九九九賽季取得歷史性成績——三冠王，而被英國女王授予爵士頭銜。同年十二月，他被法國《世界足球》雜誌評為當年世界最佳足球教練。二〇〇〇年十二月，佛格森被英國廣播公司授予「終生成就獎」。佛格森用行動詮釋並印證了一種管理理念：人們不會關心你知道什麼，他們只知道你關心了什麼，佛格森展現了自己的管理才能。

如何有效的管理員工、提高企業的運作效率、激發企業的成長潛力，已經引起了企業管理者的高度重視。因為一個管理者的能力再高，也不能具備全面完善的知識和專業技能。團隊目標的實現需要整合每個員工的知識和專業技能，使之發揮最大化效能。透過緊密合作相互啟發，員工形成各種腦力激盪。員工在合作中相互發現並指正錯誤，使錯誤及時得到阻止和轉變。緊密合作同時也展現了個人的優勢。個人依靠團隊從中獲得卓越的成績，實現自己成就。這些都表明團隊透過緊密合作更能取得高績效。

一家主營管材業務，並設有兩百多家分公司和五百多家辦事處的大公司，每個員工卻都要做好挨打的準備。這裡的挨打並不是比喻，而是本義，是體罰。銷售、應收帳款指標完成不了要挨打，在應收帳款上沒有一個合理的交代要挨打，出現客戶投訴也可能要挨打。所以，每天晚上的日銷售工作總結會和平常的銷售例會上，每個銷售人員都戰戰兢兢。

不過，辦事處主任和分公司老闆也不好過，他們工作沒做好也得面壁思過，挨上級打。這個企業某分公司的一百多名銷售人員大多沒時間談戀愛，其中五個已婚的銷售人員，最後也都離了婚。為什麼？工作壓力太大，只能拼命的工作，沒時間經營那份情感。

可是，拳頭甚至棍棒的責罰，就能讓員工出色完成工作嗎？管理者對自己的員工就能放心了嗎？

不能！這個公司或許可以打造出一支充滿責任心的勇往直前的鐵軍，但這支鐵軍卻並不一定就是一支人人具備高超殺敵技能的鐵軍。因為它忽略了如何提高員工的銷售能力，而這直接影響的恰恰就是工作的結果。我們可以預見，如果這家公司不能提高銷售人員應對各種銷售難題的技能的話，體罰的現象還將在這些公司頻繁的出現，管理者卻仍然無法對自己的員工放心。可是，這些管理者就喜歡打與被打嗎？當然沒有誰會喜歡這樣做。

有些管理者喜歡干預員工的工作，他們的目的可能是想看到他們的工作有沒有達到組織的要求，也可能是為了展示權威，也可能就是有這樣的工作習慣。但不管是出於怎樣的目的，涉及員工的事情應該交給他們的上級去辦，管理者隨意干預的行為直接導致的就是混亂。

管理者直接干預基層員工的工作，在某種程度上表明員工與其直接上級處在同一個心理層面上。這不僅會令員工的上級感到某種程度的尷尬，而且員工感受到的「榮耀」也會使他們一時間有了兩個上級，究竟他們應該聽誰的呢？這種典型的違反統一指揮原則的管理者行為根本上就是給基層員工的上級添麻煩。另外，一個員工被管理者直接干預了，其他的員工也就有了一種期望被管理者干預的夢想。如果這種心態在員工中展開，當員工們認為他們都有可能與管理者直接交流和聽取指令時，其直接上級的權威就無從談起了。

當然，如果管理者確實想要關懷下屬的工作，那麼他完全可以把這樣的一種隨機的干預變成是制度性的溝通。例如：可以透過員工見面會、懇談會等形式來正大光明的「干預」。管理者切不可因為一些隨意的行為導致員工的混亂，這並不是真正關懷員工的行為。

讓員工獲得更多的幸福感

在企業管理工作中，有些管理者雖然強調以人為本，強調對員工的關心，但認為關心員工就是為了千方百計調動員工的積極性，把員工的潛能發揮到極限，終極目的是為了企業的效益。如果對員工的關懷措施僅僅是對員工的心理進行調節，使員工更加符合經營和效率的需要，希望員工為了企業效益「無私奉獻」，不斷的加班加點（加點是增加平日上班的薪資比例），甚至超過人的生理、心理負荷為企業創造效益，讓員工為此而透支了自己健康。這種做法在特殊情況下無可厚非，但如果長此以往就有問題了。這本質上是一種「母牛社會學」——給牛吃飽了，母牛就會產奶，並不是真正關心員工，也偏離了以人為本的軌道。

企業要想做到真正關心員工，就必須發揮自身廣泛聯繫員工的優勢，融入員工之中，只有了解了他們的所思所想，設身處地為員工著想、辦事，才能被員工看成「知心人」、「貼心人」，贏得員工信賴，使其發揮自己的作用。如果管理者對員工的冷暖麻木不仁，對員工的需求視而不見，對員工的利益漠不關心，企業就會被員工拋棄。管理者一定要增強使命感和責任感，增強人際意識和大局意識，自願自覺的、實心實意的為員工服務。

在豐田集團，高層管理者大力提倡社團活動，如生產線娛樂部等，促進人與人之間的關係。豐田對社團活動所寄予的另一個莫大期望，是培養管理者能力。因為不管社團的規模大小，要管理下去就需要計畫能力、宣傳能力、管理者能力、組織能力等等。另外，整個豐田企業的活動也很多，綜合運動大會、長距離接力賽、游泳大會等，每月總要舉行某種活動。在這些活動中，總經理、董事等管理者只要時間允許都會參加，與員工一起慶祝。所有這一切，都在不知不覺中提高了員工的素養，增進了員工對

第一章 擁有關懷員工的情操

讓員工獲得更多的幸福感

企業以及管理者的感情。

追求人文關懷、強化人文關懷是社會進步水準的重要標誌，也是企業文化是否成熟的重要標誌。在企業內部，人不僅是企業行為的主體，也是企業行為的主要客體。企業提供給員工的不僅僅是生存手段，更是生活方式。如果不對企業的效益進行倫理追問，那麼企業的社會價值就值得疑問了。國際社會制定了 SA8000 體系，對企業的人文關懷作出了嚴格的規範。

要提高工作效率，管理者就得提高員工的情緒，並激勵這種情緒維持下去。關愛應是員工看得到、感受得到的關心關愛，這是工會工作的出發點和落腳點，表現在：開展培訓、技術比武、在職訓練等活動，為員工展示自己才華提供舞台，幫助員工實現對自我價值的追求；為員工排憂解難，關心員工衣食住行、喜怒哀樂、生老病死，讓員工感受親情，感受到安全、溫暖的「家」的感覺；努力維護員工的社會保障權益、參與企業民主管理權益，敢於表達，善於維護員工的合理合法的權益。那麼管理者怎樣才能做到這一點呢？有一種方法——經常製造一些令人興奮的事情，可以讓管理者如願。

美國的凱姆朗起初是一家為住宅的草坪施肥、噴藥的小企業。凱姆朗的管理者杜克對員工的關心是出於內心的感情，而不是裝腔作勢或沽名釣譽。一次，杜克提出購買萊尼湖畔的廢船塢，把它改建為企業員工的免費度假村。企業的高級財務管理人員費了九牛二虎之力，才說服杜克放棄了這項超過企業能力的計畫。但是，杜克關心自己員工的熱情並沒有停止，不久，他又想在佛羅里達的沙灘上修建企業的員工度假村，但這項計畫的開支也大大超過了企業的能力，高級財務管理人員不得不再次勸阻他。杜克並不是不知道企業的財力，他明白，這些超過承受能力的計畫結果將會是什麼，但為了讓他那些辛勤勞動的員工們過上好的生活，他可以拋開這一切。

後來，杜克瞞著企業的財務人員，買下了一條豪華遊輪，讓員工度假，又包租了一架大型客機，讓員工去華盛頓旅遊。這一切耗費了企業的大量資金，但杜克對此卻毫不在乎，他的心中只有他的員工。

輕鬆做主管 Be a relaxing manager

用「心」管理，不是用「薪」管理

正是他這種強調「愛的精神」的思想方式和經營模式，使企業的發展取得了意想不到的效果。現在，凱姆朗企業已擁有了上萬名員工，營業額高達幾億美元。

人是社會的主體，物不過是人類活動的對象和手段，終歸要以人身心的發展為目的。經濟上的損失是可以彌補的，而人的生命損失是永遠無法彌補的。馬克思曾說過，社會主義的終極目的是超越「人對人的奴役」與「物對人的奴役」以及脫離「資本對人的異化」。企業的一切制度、措施都必須首先著眼於「人」，著眼於人的安全、健康和發展，著眼於人性的開發和完善。

在企業內部，企業追求效益的最大化，與員工雖然有相互矛盾的一面，但更重要的是彼此存在著一種利益上的依存關係。企業是全體員工的「生命共同體」，這不僅是企業內聚力的根基，也是共建「心理契約」的基礎之所在；企業應是員工溫暖的家，是員工實現自我、成就自我的舞台，企業的目標是企業成長和員工安全、健康發展雙重目標的統一。在注重企業效益的同時，合理安排員工的工作和休息的時間，改善員工的工作環境和生活條件，充分尊重員工的安全權、健康權、生命權以及發展權，使員工在工作中人性得到完善，人格得到昇華，這才是以人為本的展現。

總之，創造關愛員工的企業氛圍，不僅能夠提高員工的滿意度，同時也能夠給員工提供發揮潛能的工作環境。法國企業界有句名言：「愛你的員工吧，他會百倍愛你的企業。」國外有遠見的企業家從勞資矛盾中悟出了「愛員工，企業才會被員工所愛」的道理，因此，採取軟管理辦法，讓員工獲得更多的幸福感，的確可以創造出若干員工與管理者「家庭式團結」的神話。

用愛來經營員工

美國有句諺語：「尊重不是別人給的，是靠自己賺取來的。」為什麼有些企業的管理者不為自己賺回一份尊重，而要選擇喪失那份尊重呢？有人會說，主管就是主管，沒有必要讓你這種小老百姓去擔心。這句話也許有道理。

在《巨人不死密碼》有「最刺痛我的一句話」：從巨人大廈的「倒塌」，到腦白金奇蹟般的崛起，再到「征途」遊戲的成功，史玉柱嘗過人生百味。當初失敗後，史玉柱曾閉門幾天足不出戶。最痛苦的時候，壓力最大的時候，史玉柱把分公司經理召集到一起閉門開批判會，請大家批判自己，批判了三天三夜。回憶當初情景，史玉柱說，「我的第一個分公司女經理，她說我感覺這麼多年來你不關心我們這些員工。這句話很刺痛，不關心後面還有一句是不尊重。這個印象應該是非常深刻。作為我們曾經失敗過，至少有過失敗經歷的人，應該經常從裡面學點東西，人在成功的時候是學不到東西的，成功時候作的報告你別聽，全是假的，只有失敗總結教訓才是深刻的，才是真的。我在一九九七年之前，上分公司指導，那時候還是挺風光的，怎麼風光我不說了。那時候我也經常作報告，現在回頭一看，那東西第一是幼稚，第二是在騙人，那些東西說出來都是虛的。人在順境的時候、在成功的時候，沉不下心來，總結的東西自然是很虛的東西。」

其實，這句話對於一些管理者來說，也是一句最刺痛人的話。主管不關心員工，不尊重員工，不是新聞！對此，真有些想不通，為什麼主管一旦成為主管就忘記自己曾經是員工了呢？就忘記了曾經自己也需要關心與尊重呢？這是不是人的劣根性？

美國跨國電腦公司首席執行官兼總裁溫白克說：「一定要愛護你的員工，把你的心拿出來給他們

輕鬆做主管 Be a relaxing manager
用「心」管理，不是用「薪」管理

看，要心心相印。作為管理者，你不能命令他們，你一定要讓他們感到願意為你做事。」這位被稱為世界級的管理大師道出了人性化管理的精髓。

在西雅圖一家歌舞廳內，樂隊彈奏著愉快的旋律。在一陣陣哄笑聲中，蓋茲被一群小夥子們擁上了台。「喂，蓋茲，唱一曲《女孩，我心中的月亮》。」一位年輕的女孩正向他揮手。隨著樂曲的終止，這幫年輕人一窩蜂的湧向蓋茲，把他高舉在人群之上。

比爾·蓋茲是他們的老闆，這是他們週末經常舉行的社團活動中的一種：青年派對。「我們有許多年輕的女孩和小夥子，他們需要交朋友、玩樂，還可能招惹是非，這些都是難免的，但是讓他們永遠充滿活力，充滿朝氣，讓他們更好的發揮創造力，這才是最重要的。」蓋茲說。

微軟公司高級技術官詹姆士·貴是資料傳輸界的天才。蓋茲安排他到波士頓微軟研究院工作。詹姆士·貴個性很強，不願離開矽谷，蓋茲就索性在矽谷蓋了一棟很別緻的建築物，專門在矽谷成立了一個小型的微軟研究中心。蓋茲靠這種辦法為微軟聚集了大批人才。

僅僅把員工當做賺錢工具是與現代人文環境格格不入的。成功的創業經營者必須具有情感素養，注重在用人和管理上滲透人情味。在中國企業中，優秀的企業家總是善於把用人的利益基礎轉化為感情基礎，在企業中營造一種關心人、愛護人、體貼人的「人本」文化環境。偉志集團的總裁向炳偉可以說是注重情感投入的典型。

人們常說的私營企業的壓抑感在偉志集團絲毫感覺不到，員工們在這裡心情舒暢，氣氛融洽，大家實實在在的體驗到了「大樹底下好乘涼」的美好感受。一次，向炳偉偶然聽說有的年輕員工愛睡懶覺，早晨起來不吃飯便上班，時間一長會精力不支，既損害身體又影響工作效率。於是他想出一個好辦法：公司提供免費早餐，備有牛奶、雞蛋等營養豐富的食品。這種看似硬性規定的辦法實際上是一種誘導機制，讓職員體會到總裁的用心良苦。遇到員工生日、婚禮這一天，向炳偉還親自送去生日蛋糕和鮮花，實在抽不出時間就派得力助手代表自己。此外，每年還會選擇合適的時節，帶領員工到郊外野營，或參加潑水節，或組織營火晚會，盡情玩兩天。向炳偉還決定：每年的十二月八日定為「偉志孝心節」，全體偉志人放假一天，希望大家回去陪陪自己的爸爸、媽媽和家人，為他們做些事情。同時，每年安排十名專業技術人才和他們的父母旅遊一次。

向炳偉的「情感投入」換來了豐碩的果實。偉志集團生產的「V」領西服在中國獨領風騷。

美國奧辛頓工業公司的總裁曾提出一條企業的「黃金法則」：「關愛你的客戶，關愛你的員工，那麼市場就會對你備加關愛。」「客戶」是企業的外部客戶，「員工」是企業的內部客戶，只有兼顧內外，不顧此失彼，企業才能獲得最終的成功。毫無疑問，「客戶是企業的上帝」，那麼「上帝」如何才能滿意呢？只有員工真誠的服務才能讓客戶感到滿意。如果員工對企業不滿，他的情緒和態度會直接影響客戶的滿意度，使銷售和管理工作的執行力大打折扣。

員工輕微的不滿會導致怠慢客戶，給客戶造成不良的企業形象；員工中度不滿會在不同程度上貶低自己的企業，對客戶的購買決策造成負面影響；員工如果出現高度不滿會辭職，甚至與企業反目成仇，成為原企業業務的破壞者。服務的關鍵在於真誠，員工對企業滿意是真誠服務的源泉。如果員工滿意度低，靠管理和培訓可以改變員工的外部行為，而無法提高服務的實際品質。不注重員工滿意度的提高，「客戶就是上帝」就變成了一句口號，而無法變成實質的行動。因此，要想讓客戶滿意，首先要服務好自己的內部客戶——員工。

尊重，愛護每一個員工，將他視為平等的企業一分子，讓每位員工都真心的愛企業，這樣就能激發他們的積極主動性，才能塑造出充滿熱情和具有主人翁責任感的高效率團隊。

以愛為凝聚力

擁有愛心是任何一位管理者在其工作中必須具有的一項要求，在對待員工時不要總是擺出一副高高在上的姿態，讓他們感覺到上級和下級之間有一條不可逾越的鴻溝。在平時的工作和生活中要盡可能的多給員工以體貼、關愛，對他們出現的困難要及時伸出援助之手，絕不可袖手旁觀。

人非草木孰能無情？你的一點點關心和愛護，都會讓員工感受到無比的溫暖，這樣無疑會加大他們與你之間的親和力和凝聚力。如果員工感受到工作在一個充滿寬容和愛的團隊裡，才會有被重視、被鼓舞的感覺，工作起來才會真正發自內心，才願意為這個團隊全力以赴。星巴克公司的愛心管理可以說是獨樹一幟。

總部坐落在美國華盛頓州西雅圖市的星巴克自一九七一年成立開始，已發展到今天遍布世界三十四個國家和地區的八千三百家連鎖店，擁有員工七萬兩千餘人，這與它高品質的咖啡產品和品牌分不開，更與它獨特的公司文化和人文管理緊密相關。與大多數公司信奉的「投資回報」理念不同，星巴克信奉的是「快樂回報」原則。其邏輯是：公司應該使員工快樂，因為員工快樂了顧客才會快樂，而顧客快樂了才會成為回頭客，生意人氣才會兩旺，股東才會快樂。

星巴克提倡開心平等的團隊工作文化，所有為星巴克工作的人，尤其是新開店的員工，無論他們在哪個國家，都會被送到西雅圖培訓團隊合作的技巧，體會團隊成員磨合的過程。讓員工快樂的重要一環是優厚的福利待遇。在星巴克，雖然很多員工是小時工，但公司依然給他們股份，戲稱「Bean Stock」(咖啡豆股)。此外，公司還將優厚的醫療保險計畫延伸到員工的配偶，包括同性配偶。星巴克善待員工的結果換來的是員工的忠誠敬業。在這個員工離職率極高的服務業，星巴克的員工離職率只有百分之十三。也正是這些員工，在「快樂回報」的制度下，努力工作，才把星巴克的事業越做越大。

實行愛心管理的企業不只是美國才有，中國也有很多，首次被美國傳記編輯者協會編入《世界五千名偉人》的中國企業家，雙星集團總經理汪海，是善於把情感因素滲透到管理中的成功典範。

汪海有一名言：「無情的紀律，有情的領導。」這句話反映了他在管理中關於「嚴」與「情」的辯證結合的思想。他認為運用以人為中心的情感管理可以獲得以下益處：一是嚴格管理可以使職員達到一致性，情感管理卻可以煥發出凝聚力和向心力。傳統文化一直強調民心和凝聚力的作用，強調得民心者得天下。把這個理論運用到企業管理中，要求企業家善於運用情感因素凝聚民心。二是情感投入可以緩衝嚴格過度造成的管理者與被管理者之間的矛盾，潤滑兩者之間的關係，增強被管理者的心理接受限度。三是情感投入適應了現代企業管理中宣導的以人為本的原則，展現了關心人、愛護人、尊重人的正當需要。汪海善於把增強企業凝聚力、挖掘職員的最大潛能作為情感管理法的切入點。

有一個在他身上實際發生的案例，正說明了他的情感管理的作用。某天夜裡突然刮起了大風，正在集團開會的汪海想起了在工地上突擊工作的員工，便馬上停止開會趕到工地。他到工地一看，工棚沒有設置窗戶開關的功能，寒風直往裡灌，員工們凍得直發抖。員工們發現汪海突然趕到，嚇得不知如何是好。汪海一問，才知道他們害怕的原因，原來由於太冷了，他們違反了企業規定的在工作時間內嚴禁喝酒的制度，偷著喝了酒。這時的汪海不但沒有生氣，還掏出一把錢讓辦公室主任去再買幾瓶酒來給員工們喝，並打電話叫後勤處處長送些熱呼呼的水餃來。這幾十名員工被汪海的舉動感動得熱淚直流，他們直說遇上了一個講情講義的老闆。

正是王海的情義感動了這些員工，這次任務本該要十五天完成的工作只用了九天就完成了。雙星正是有這種將愛注入管理的思想，使員工願意同公司共進退，願意為公司的發展作貢獻，也正是這樣，雙星公司才不斷發展、不斷壯大。

這也有一個反面的例子，由於公司老闆不尊重員工，進而造成了損失。

在一家規模很大的企業，員工在中午聚餐時，發現餐廳的衛生紙用完了，於是向老闆反映。該老闆脫口而出：「廁所裡面還有衛生紙，你們先勉強用。」他說這句話並不是什麼黑色幽默，而是習慣思維下意識。第二天，公司就有兩名骨幹辭職走人。老闆如此不尊重人，沒有員工認為在此企業工作會有什麼發展前途。

在現在的一些國際化的大企業中，無論是諾基亞的「以人為本」、摩托羅拉的「對人永遠的尊重」、可口可樂的「員工是企業最寶貴的財產」，還是惠普公司聞名業界的「惠普之道」，我們都可以發現這些企業是真正將員工當做一起成長的夥伴、是企業不可或缺的資產，企業會透過各種各樣的方式來滿足員工的需求，提升員工的滿意度。總之，如果管理者能夠將愛帶到企業中，就會給員工帶來巨大的精神動力，這種效果有時甚至超過了單純的物質獎勵。因此，管理者應該放寬心胸和視野，讓愛滲透到管理中，真正給員工以愛的支援。

對員工實施感情投資

某公司是一家合資企業，一向以守法經營、誠信為本著稱。按公司的勞動合同規定，當公司在員工合同期未滿而單方面與員工解除勞動合同時，必須向該員工支付一千五百元的遣散費用。可是，當公司要解雇一名員工時，人力資源部主管會找該員工談話，軟硬兼施的讓該員工自己提出辭職，不少員工由於缺乏法律意識或者為顧全面子問題不得不同意這種做法，公司由此可以節省每人一千五百元的遣散費用。公司的人員總數不少，卻時時以各種藉口解雇一些員工以減輕運營成本，這種隱祕的「吝嗇」法日積月累下來，竟然為公司「賺」取了一大筆解雇費。同時，表面上看起來公司又是嚴格遵守勞基法的規定。可惜「摳」途險惡，一名被解職的員工大膽檢舉控告了公司。此事經媒體曝光之後，公司的名譽一落千丈，公司數十年建立起來的品牌形象岌岌可危。

這就是公司不尊重員工，不把員工的感受當一回事帶所來的後果。其實，員工只是要求自己能受到尊重，能被認可。有尊重需求的員工特別希望企業的管理者按照他們的實際形象來接受他們，並認為他們有能力，能勝任工作。他們關心的是成就、名聲、地位和晉升機會。當他們得到這些時，不僅贏得了人們的尊重，同時其內心因對自己價值的滿足而充滿自信。不能滿足這類需求，就會使他們感到沮喪。

有一次，松下電器總裁松下幸之助在一家餐廳招待客人，一行六個人都點了牛排。等六個人都吃完主餐，松下讓助理去請烹調牛排的主廚過來，他還特別強調：「不要找經理，找主廚。」助理注意到，松下的牛排只吃了一半，心想一會的場面可能會很尷尬。主廚來時很緊張，因為他知道客人來頭很大。「是不是牛排有什麼問題？」主廚緊張的問。「烹調牛排，對你來說已不成問題，」松下說，「但是我只能吃一半。原因不在於廚藝，牛排真的很好吃，你是位非常出色的廚師，但我已八十歲了，胃口大不如

輕鬆做主管 Be a relaxing manager
用「心」管理，不是用「薪」管理

前。」主廚與其他的五位用餐者困惑得面面相覷，大家過了好一會才明白是怎麼一回事。「我想當面和你談，是因為我擔心，當你看到只吃了一半的牛排被送回廚房時，心裡會難過。」

假如你是那位主廚，聽到松下先生的如此說明，會有什麼感受？是不是覺得備受尊重？客人在旁聽見松下如此說，更佩服松下的人格並更喜歡與他做生意了。作為他的下屬，看到老闆時刻真情關懷別人的感受，心也將完全被捕獲。

在經濟大蕭條時期，所有公司都非常艱難，阿姆斯壯也不例外，他們第一次凍結了薪資，希望藉此能幫助公司度過艱難的一年。他們的員工們真是了不起。他們毫無怨言的接受了這一事實。他們普遍的態度是：公司一直待我不薄，現在是回報公司的時候了。幾個月以後，人們發現情況似乎比預期的要好得多。公司決定不僅把原來所欠的薪資補發給大家，還給每個人都加薪。光補發一項每人就有四百美元。阿姆斯壯並沒有用支票來支付這筆錢。相反，他們把員工召集到娛樂大樓。公司董事長站在一張蓋著白單子的大桌子的後面，解釋說，由於阿姆斯壯的經營比預期的要好，公司決定和大家一同分享這份好運。說著，他揭開了單子，每個人都看到桌子上堆滿了十美元的鈔票，總共有十多萬張，足足堆了兩英尺高。員工一個接著一個，每個人都走上前與公司的董事長以及公司的經理們握手，聽他們說「感謝你對公司的理解。」然後拿著四十張面值十美元一疊的嶄新的鈔票離開。

日本麥當勞董事長藤田田，著有一本很出名的書叫《我是最會賺錢的人物》。他在這本書中提到，世界上最能賺錢的東西就是感情投資。感情投資的成本最少，甚至不需要成本。從長遠的眼光看，這些投資的回報卻是最大的。

誰也沒有想到，在商場滾爬跌打了幾十年的格蘭仕遭遇了一場百年不遇的水災，偌大的廠區變成一片汪洋。看著為了搶救集團財產而晝夜奮戰的格蘭仕人，格蘭仕創始人梁慶德堅定的表示：「如果真的不行了，一定要保住所有的人，一定要讓所有的員工都安全！」一位格蘭仕區域銷售經理這樣評價自己的老闆：「梁慶德是一個低調謹慎、深諳用兵之道和非常講感情的人。很多高級管理人員都是衝著老闆的知遇禮愛之情投奔而來的。」梁慶德堅持把感情當做企業發展的一個首要的標準。他認為，即使是同一種人，對企業有感情和有沒有感情，那表現出來的將完全是兩種截然不同的工作態度。

梁慶德早就把這種投桃報李式的情感投資注入到格蘭仕的管理中。在公司第一次改制、鎮政府準備退出格蘭仕時，大家覺得風險太大，不願意認購格蘭仕的股份。梁慶德貸款買下其他人不願意買的股份。當格蘭仕呈現出良好的盈利能力時，梁慶德又將當時自己買的股份拿出一部分分給大家。有風險自己扛，有利益大家共用，這就是為什麼很多經理人願意為他「賣命」的原因。

為了表示對人才的尊重，在高層管理人才的引入上，幾乎都是老闆親自出馬考察和遊說，用他的誠心最終打動那些高級管理人才加盟格蘭仕。格蘭仕高層都表達過這樣的意思：格蘭仕不屬於家族企業，它是大家的企業。而「德叔」則為來到這裡的各種人才搭建了一個「可以充分施展才華的舞台」，讓來到這裡的人都能大展手腳，投入的工作、開心的生活。

管理其實並不難，最主要的是管住員工的心，而要管住員工的心，就需要一定的感情投資。畢竟，他能發自內心的為企業做事，企業才會有壯大的希望。

贏得員工的「芳心」

在企業的管理過程中，人性關懷主要表現為管理者的關懷，尤其是要給予那些最需要的人更多的關懷。客觀的講，被關懷是每個員工內在的特殊動機和需求，管理者只有掌握這一管理人的要素，才能調動員工個體的主動性、積極性和創造性，讓員工發揮最大的能力，為實現共同目標而努力工作。

在日立（中國）公司，管理者很重視員工的婚姻大事，公司內設立了一個專門為員工架設「鵲橋」的「婚姻介紹所」。一個新員工進入公司，可以把自己的學歷、愛好、家庭背景、身高、體重等資料輸入「鵲橋」電腦網路。當某名員工遞上求偶申請書，他（或她）便有權調閱電腦檔案，申請者往往利用休息日坐在沙發上慢慢的、仔細的翻閱這些檔案，直到找到滿意的對象為止。一旦選中，連絡人會將挑選方的一切資料寄給被選方，被選方如果同意見面，公司就安排雙方約會。約會後雙方都必須向連絡人報告對對方的看法。日立（中國）公司人力資源部門的管理人員說：由於現代人工作緊張，職員很少有時間尋找合適的生活伴侶，我們很樂意為他們幫這個忙。另一方面，這樣做還具有穩定員工、增強企業凝聚力的作用。日立（中國）公司讓他們的員工覺得，公司就是他們的家，他們就是家庭裡的一分子，公司會給予他們充分的關懷。

有些公司的管理者總是努力和下屬建立起一種和諧融洽、團結友愛的關係，他們首先做的就是放下自己的官架子，擺正位置，以朋友的身分與他們打交道，平等相處，就像是一家人一樣，讓他們充分感受到家庭的溫暖。

管理者要想用關愛感化員工，首先必須尊重人，把員工當成「人」來看待。或許有點危言聳聽，但確實有很多管理者僅僅把員工看成是完成任務的工具，即便是關心他們的一些需要也是出於迫不得已，

第一章 擁有關懷員工的情操

贏得員工的「芳心」

結果使得員工與管理層的關係非常緊張。這不但不利於組織整體效率的提高，而且難以在組織中形成凝聚力和歸屬感。

美國著名的管理學家湯瑪斯·彼得斯曾大聲疾呼：你怎麼能一邊歧視和貶低員工，一邊又期待他們去關心品質和不斷提高產品品質！其實，對員工施以真切的關心，滿足員工被關懷的需求，贏得員工的「芳心」並非難事。因為員工的「被關懷」需求並非高不可攀。平日裡，管理者只需多留心，對員工各方面情況盡可能多的了解，發現員工對工作的不滿之處，及時給予必要的關懷，努力幫助員工克服困難，解除紛擾，就會使員工感受到企業的溫暖。甚至一句簡單的問候，往往也能傳遞管理者溫暖、體諒的心，打動員工，讓員工感覺到自己在被尊重、被關懷著。例如：員工病癒後上班，管理者及時表示出自己的關切之情：「完全好了沒有，要不要再多休息幾天？」等等。如此一來，員工的感情就會因「關懷」而昇華，進而激起他們自覺做好工作的熱情，促進企業發展，給管理者的「關懷」給以回報。

聖奧集團是一個和諧的大家庭，每位員工都是家庭中的一分子。關愛是永恆的主題，關愛活動貫穿於員工生活、工作的始終，並且滲透到每個角落，扎根於員工的靈魂深處，折射出一個和諧、文明、溫馨大家庭的獨特魅力和精神風貌。

企業董事長倪良正的目標是：讓員工有車、有房、有存款、有尊嚴、有地位，凡是事業單位有的待遇，公司爭取都有。他在企業中推行了一系列的福利制度，比如：年資補貼、誤餐補貼、住房補貼、學歷補貼、職稱補貼、通信補貼、生育補助等等；每年夏天，聖奧還會組織全體員工出外旅遊；對年資滿五年、十年的老員工，公司發放榮譽紀念獎章等。

一位員工家中失火，公司在第一時間組織人員進行捐款，倪良正董事長帶頭捐款。為了開闊員工的視野和提高專業技能，公司還選派員工帶薪到日本等國去學習和考察，為員工提供巨大的發展空間和充足的晉升機會。「512」大地震後，倪總毅然承諾，全額出資幫助受災員工重建家園。每年的小年夜，無論有多忙，他都會開車前往生產工廠，與留守員工過小年夜，讓員工感受到了家一般的溫暖……

管理者的關懷主要展現在心理支持和行動支持兩方面：心理支持，不外乎理解、認同、信任、鼓勵等積極心理暗示。具體而言，對於信心缺乏甚至很自卑的員工，管理者的關懷最好採取暗示方式，讓他們透過自己的理解，自然的接受這種關懷，並轉化為積極的行為。反之就會弄巧成拙，「關懷」不成卻讓缺乏自信者越加心灰意冷，自卑者更加自卑。

達爾文曾說：「上帝在每個人身上都種有偉人的種子。」管理者從接納員工那天開始，就應擔負起引導員工成長的責任，每個員工都有可塑性和可培訓性，都具有成功的特徵。企業管理者輔助員工成長時，一定要本著帶動而不是丟棄的態度，去對待那些需要拉一把的員工，讓其能與大家同步前進。這也是行動支持的主要展現。

管理者要從各方面著手，為員工多花費點時間和金錢進行「關懷投資」，實現與員工思想上的融通和對問題的共識，企業獲得的必將是更多的資源與回報，這是任何一項別的投資都無法比擬的。

第二章　你是否能忘記自己是管理者

有些年輕氣盛的管理者一般不接受員工的建議。作為一個企業的管理者，有時應該「忘了我是誰」，一層意思是拋棄「管理者永遠是對的」的專制；另一層意思是不以自己的心態去要求和評價員工。

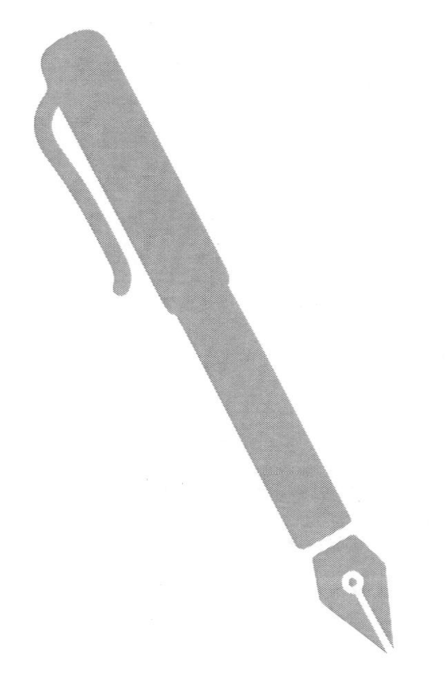

權力不是萬能的

每一個企業都有一大批管理者，上到老闆下到班組長，作為下級或員工就要服從管理者的指揮或調度。大凡做管理者的人都喜歡給人以精力充沛、做事果斷的感覺，喜歡以強有力的形象出現在員工面前。在這些管理者的心目中，自己是管理者和統治者，公司的員工是被管理者、被統治者，兩者根本不能混在一起。他們崇尚無威不治，故意疏遠員工，認為當官就要有當官的樣子，只有高高在上，讓員工敬畏，員工才會努力工作，不搗亂生事。員工必須任由自己驅使，每個人都得對自己卑躬屈膝，迎和自己的情緒和癖好。「他們喜歡看到員工對自己卑躬屈膝的樣子，他們與員工之間永遠有一道不可逾越的界線」。這樣的管理者只有當員工對他畏之如虎，不敢有半點不恭敬時，才會感到他想要的獨裁與樂趣。

本來「下級服從上級」是企業管理的規矩，要是沒有規矩，下級不把上級當一回事，隨隨便便的頂撞上級，那管理者的目標還怎麼完成呢？問題是上級以權壓人，已經嚴重超出了「下級服從上級」的範疇，純粹變成了利用職權欺負、壓制、刁難下級。

權力是管理者治理企業的有力手段，但無數事實證明，過度保護和誇大這種權力欲望就會存有私人目的，就會濫用無度。濫權是對權力價值的破壞，切忌濫權已經成為現代企業管理者警醒的口號。那些死抓著權力不肯放的管理者，因權力太多的緣故往往濫用權力，這是一個亙古不變的事實。任何權力都得有一定的限制和範圍，假如硬要突破這種限制和範圍，就會超出度外，形成權力擴張的現象，最終會危及企業利益。

命令是管理者讓員工執行的措施，而企業管理者不能代辦命令。「這是業務命令，你必須照這方法做，不然，我就把你開除。」像這種不顧部屬感覺，強制的命令方式，是管理者絕對要避免的。因為這樣只會徒然增加部屬反抗的心理，只能收到相反的效果罷了。一個真正優秀的管理者絕不會依靠權力來行事，更何況部屬本身也知道要敬重上司，上司又何必處處表現出擁有的權力呢？有些管理者，當部屬不按己意而行時，往往不願花點時間與部屬商談一下，馬上搬出權力想藉以操縱部屬。

管理者應當明白：從表面形式上看，用人是上級對下級的一種權力運用。但是如果簡單的這樣理解，那就錯了，因為用人不是權力專制的表現，而是權力調控的表現。可以說，權力是一種管理力量，權力的運用則是有法度的，而不能是管理者個人的欲望的自我膨脹。因此一個高明的管理者，首先要明白這一點：自己的工作是管理，而不是專制。上司不是監工，因為監工即是專權的化身。如果管理者把自己當作監工，往往大權獨攬，把所有的部屬都看成是為自己服務的。這樣的上司永遠成不了好管理者。或者說，監工式的管理已經與現代企業「以人為本」的思想相去甚遠。也許監工式的管理一時有用，但不可能時時有用。牢記這一點，會對企業管理者的用人方式帶來益處，至少不會招致部屬的心理抗拒，容易使雙方形成平等、融洽的人際關係，進而創造一種良好的工作氣氛。

管理者濫用權力，與對部屬不信任、不放心緊密相關。這種不放心主要是對部屬的工作態度、工作方法、辦事能力的懷疑，認為部屬不能按時保質的完成任務，還不如自己親力為之，省得出現問題。這樣的心理促使上司越權，做出不該做的行為，加重了自己的負擔不說，也會使部屬心存不滿，剝奪了他們發揮才能的機會。

管理者濫用權力的現象在管理上展現為以下幾點：一是以命令壓制員工。命令是讓員工執行的措施，而個別管理者卻以權壓人。即使管理者不是用很強硬的態度，但此種行為即明白表示，管理者不相信員工的能力。

二是在思想上漠視員工。每位員工都有其思想、自尊，否則他就沒有個性。管理者利用好員工的個性，使他在工作上做出成績才是管理者的高明。管理者千萬不要盛氣凌人，目空一切，應該尊重員工的意見，合理的發布命令。即使多麼不可靠、多麼無能的員工，一旦把工作交付給他，就不可輕視他的能力。對其努力的行動，管理者應盡量給予幫助，要耐心的指導他們，給予他們意見和忠告。在平時，員工通常有他自己的行事計畫。當管理者突然下達指示時，他不得不將原來的計畫加以調整，刪去一部分或追加一些。假如這只是偶發的現象，倒也無所謂；若是經常發生，員工難免會心存不滿。因此，當管理者下命令給員工時，不妨多加幾句充滿人情味的話。這些對管理者來說是輕而易舉的事，但卻能讓員工感到你是站在他的立場著想，進而心甘情願的讓步。

當然，企業管理者們濫用權力的展現還有很多，諸如以權謀私，以自己的好惡標準去制約員工的個性，故意排擠員工，這都會有損於管理者權力的嚴肅性和威望。真正的管理者的權力展現是民主集中，以人為本，那種把員工當作機器或者奴隸的做法，只能使管理者陷入管理的敗局。

以權壓人，以威脅、折磨的方式對待員工，是中基層管理者的慣用手法，是管理者無能的表現。在現代文明社會，以人為本，宣導人文化管理，某些企業為何還有這些落後野蠻的管理？為何不去反思一下這種管理方式所帶來的惡果呢？君不見論壇新聞的某某生產線主任被殺、白領主管被捅死的事件？這些難道不是教訓嗎？在法治的社會裡，我們絕不主張以血腥和暴力解決問題，但也絕不容許為官者居高臨下，以權壓人、欺壓百姓。企業管理者應該正確的運用好手中的權力，摒棄那種簡單粗暴、沒有人性的管理方式。只有做到互相尊重，同理心，才能增強互信，平等相處，才能創造和諧的工作環境和生活環境。

你不只是管理者

一大清早，某公司老闆田國強因為要多給老家的父母一些加菜金和老婆吵了一架，心情很差。摔門而出後，一路上看什麼都不順眼。帶著滿腔怨氣，田國強來到了辦公室，看到工程部的李經理正和員工們聚在一起有說有笑，他的脾氣因此一觸而發，不可收拾。

「李飛，公司是請你來做事，還是請你來說笑話的？」平常田國強都稱呼李飛為李經理，此時是直呼其名，語氣嚴厲。「老闆，我是在安排今天的工作呢。」李飛委屈的辯解，和員工們一起用不明就裡的眼光看著田國強，都覺得今天的他有點莫名其妙。「老闆，什麼老闆！你以為這裡是香港啊？」田國強衝李飛越吼越凶。

天天為公司累死累活的工作不說，有時甚至連個節假日也沒有，還要受這樣的怨氣，李飛最後實在受不了了，就和田國強爭吵了起來。結果是，李飛一氣之下辭了職，投奔到了競爭對手的門下，同時還帶走了幾個大客戶，處處與原公司作對。

幾千年的傳統文化造就了人們「官本位」的思想。這一思想的具體表現就是「官大一級壓死人」，只要職位比你高，就可以管你，而不管是不是在自己的管理範圍之內。同樣，作為員工，見到比自己職位高的上司，不管是不是直接管理自己的，都必須要畢恭畢敬，說什麼聽什麼。這種傳統文化塑造出來的「官本位」思想，使得管理者習慣於對任何事情都指手畫腳，因為員工不敢不聽。而作為員工，由於缺少了平等的文化氛圍，就不得不委屈的接受各級管理者的指揮。

其實，作為企業的一名管理者，主要憑藉影響力去發揮作用，這個影響力就是管理者的威信。一個管理者，要有效的實現管理者目標，不但要會運用權力，而且更需具有威信。威信是管理者在管理活動

輕鬆做主管 Be a relaxing manager

用「心」管理，不是用「薪」管理

中表現出來的品格、才能、學識、情感等對被管理者所產生的一種非權力的影響力。人們常常把管理者的威信視為「無言的號召，無聲的命令」。作為管理者的你，一旦威信樹立起來，即使你不在公司，你的同仁也會自動自發的認真完成工作；或者只要你一開口發布命令，不必過多重複，也無須多言，更用不著動怒，下面的人便立即豎耳傾聽，照章去辦。

當然，管理者有時必須果斷的下達指示，對員工提出明確的目標，並向他們提供一定的支援，成為能夠帶領員工的人，要能夠「帶領員工走到他們從未走過的地方」。你既是下命令的人，也是吹號的人。作為企業管理者，你必須學會鼓舞員工，在你的鼓舞下，沒有也不允許有後退的人。與命令相反，有些時候，你有必要起到幫助員工排憂解難的作用，了解員工心中所思所想，幫助員工走出心理困境。只有這樣，才能增強員工凝聚力，保證大家願意跟著你走，才能使大家同心同德而不是離心離德。關鍵是你得學會營造一種融洽的團隊氛圍，讓團隊中的每位成員都能夠按照工作的需求，扮演好自己的角色，做自己應該做的事情。你可以時常的開一些玩笑，以及毫不客氣的說對方，但是，這並不能影響整個團隊的氛圍與積極性。在這個過程中你們能更好的談心，了解彼此。你的信念、價值觀、主張都要成為你所在的組織或團隊的意志，都要被你所帶領的員工所認可。

一個管理者跟普通人相比，最大的不同就在於他不僅懂得如何去分析現在、思考未來，而且還懂得如何用思考所獲得的知識去教育身邊的人。

亨利．季辛吉說：「領袖的任務就是帶領人們從所在之處到達他們從未到達之處。他做了一個遠大的決策，樹立了一個宏大的願景，他還要把他的決策和願景一一分享給他人，讓他人了解到他所做的事業有多麼偉大。因此，他選擇了一條捷徑，那就是透過『布道』和分享去教育他們。」

在現代經濟社會當中，企業的管理者已經不僅僅是一個部門的管理者或者一個企業的老闆，他更要成為一名教育者。他要把所從事的領域、所管理的人群、所規劃的願景、所生產的產品、所提供的服務、所宣導的文化等，都一一教給周圍的人，因此，管理者首先要成為一名教育者。他的員工、客戶、消費者必須了解到他從事的是一項多麼偉大的事業，這個過程離不開分享。所以，要想成為一名優秀的管理者，一定要從現在開始就學會做一件事情——如何讓自己成為一名教育者。

如何把自己變成教育者呢？其實很簡單，只要我們多想想如何教育同仁，而不是時時對同仁發號施令就行了。企業每次的高管會議，如果反覆強調一下：「管理者必須把百分之八十的命令變成培訓。」同仁不是因為接到命令而工作，而是因為歡歡喜喜的接受了教育才努力工作，這兩種情況下工作時所產生的動力是完全不一樣的，進而所產生的結果也是完全不一樣的。所以，管理者要把百分之八十的命令變成培訓，多想著給同仁分享而不是命令。

命令只會產生抗拒，教育和分享才會產生改變。「一個是抗拒，一個是改變」，你願意要哪一種？改變同仁的行為首先要改變同仁的觀念和思想，而觀念和思想則透過教育和分享來完成。偉大可以是透過後天的教育而來的，正如花草樹木想要長得枝繁葉茂，一定得經過園丁的精心整飭一樣。人要想健康茁壯成長，需要經常被「修理」。頭髮不經常修理會凌亂，心靈不「修理」也會荒蕪，因為人心有積極的也有消極的，有善心也有噁心，有正心也有歪心，這就要看管理者想調動他們的哪一部分。管理者的教育和分享就是要把員工本身具有的那些積極的、寬容的、正面的、大公的心態調動起來，這一點比起教育他們在技術上如何過硬來得更為重要。所以，你有必要把握每個人的個性，擅長和不擅長的方面，根據具體情況進行培養，說明員工揚長避短，使員工都能夠成為某一方面的專才。

拋棄專制

一直以來，我們的企業管理書籍總是挖空心思的告訴員工：不要找任何藉口、不折不扣的堅決執行、第一次就把事情做到位、做老闆想要的好員工，企業管理者只是單方面的希望員工做到這一切，但是從沒有反省過自己：我是一個依靠全體智慧進行決策的人嗎？我能夠容忍員工們對企業提出批評嗎？能夠將我的利益與員工們分享嗎？更重要的是，當企業發生危機的時候，員工能夠與我一起風雨同舟嗎？事實上，管理者往往是一言九鼎，說得實在點就是專制的企業，就是一言堂的企業！專制意味著什麼？意味著企業的命運繫於一個人的智慧之上。說穿了，企業的成功就是他的成功，企業的失敗也一定會是他的失敗。

從一九九四至一九九六年的短短三年間，某保健品公司銷售額從一億多躍至八十億元；從一九九三年底三十萬元的註冊資金到一九九七年底四十八億元的公司淨資產。該公司在許多城市大部分註冊了六百個子公司，在縣、鄉、鎮有兩千個辦事處，吸納了十五萬銷售人員。迅速崛起的保健品公司不僅達到了自身發展的頂峰時刻，更創造了保健品行業史的記錄，其年銷售額八十億元的業績至今在業內仍然無人可及。

正如其迅速崛起一樣，該保健品公司的失敗，來得是那樣突然。危機伴隨著任何一個組織的發展和個人的成長，從企業成立之日起它便形影不離。該保健品公司的決策失誤和管理專制，播下了日後衰落的種子。該保健品公司老闆在一次年會上宣讀了《爭做中國第一納稅人》的報告，設想到二十世紀末，完成九百億元到一千億元銷售額，成為中國第一納稅人，其勃勃雄心溢於言表。為了實現這個理想，該保健品公司開始實施全面多元化發展策略，向醫療電子、精細化工、生物工程、材料工程、物理電子及化妝品等六個行業滲透。與此同時，還在中國範圍內收購、並購幾十家虧損的醫藥企業，令企業擔負起沉重的債務壓力。這種過度樂觀的態度和盲目擴張的策略，無疑助長了老闆的專制情緒，也成為公司危機意識淡薄和忽略公眾利益的誘因。

短短的四年間，該保健品公司及其員工機構的管理層擴大了一百倍，該保健品公司所崇尚的高度集權的管理體制造成了種種類似大頭症的症狀，各個部門之間官僚主義盛行，令企業對市場信號反應嚴重遲鈍。在該保健品公司的高速發展階段，產品宣傳開始出現大量冒用專家名義、誇大功效、詆毀同行的言語。種種誇大功效、無中生有、詆毀對手的事件頻頻發生，總部到最後已疲於奔命無可奈何。單在一九九七年上半年，該保健品公司就因「虛假廣告」等原因而遭到起訴十餘起。

成都市場部人員在編寫宣傳材料時，未經患者同意，就把其作為典型病例進行大範圍宣傳，結果導致糾紛，並經新聞界曝光。敏感的電視台節目也進行了報導，事件由成都波及到全中國，產生了極大負面影響；退休老人陳伯順在喝完該保健品公司的口服液後去世，其家屬隨後向公司提出索賠。財大氣粗的該保健品公司則拒絕給予任何賠償，堅決聲稱是消費者自身問題。陳伯順家屬一張狀紙將該保健品公司告上法院。法院一審宣判該保健品公司敗訴後，二十多家媒體炮轟該保健品公司，致使該保健品公司的口服液銷售額從月銷售額兩億元下降至幾百萬元，十五萬人的行銷大軍被迫削減為不足兩萬人，生產經營陷入空前災難之中。

以前看過一個電影叫《好奇害死貓》，在此不得不說：專制管理一定會害死企業的。冷靜之後也不得不問一句：我們的管理者什麼時候在管理上才能放棄專制？學一學別人，特別是歷史上那些很著名的人物，比如說李世民。

李世民在創業時期是很注重廣納賢才的，比如李淵想要殺掉的一些人，他都設法營救下來。他不殺降將、不殺功臣，他要的是用誠信換取別人的忠心。他不聽讒言，反贈黃金，收降隋朝大將軍尉遲敬德。當時，尉遲敬德的副將叛變李世民。有人懷疑尉遲也可能叛變，向太宗說，此人太厲害，到哪裡都不容易對付，不如先殺了他。李世民一聽笑著說：「他想叛變，早叛變了。」接下來，李世民上演了一出「用誠心換忠心」的好戲。為了挽留尉遲敬德，李世民準備了一箱子黃金給尉遲當作盤纏。平時做事莽撞的尉遲，準備提起箱子就走，但是沒想到卻提不起來，因為裡面真的全是黃金。連尉遲敬德這樣的猛將都無法提起來，說明深諳人心的李世民，果然誠心一片。尉遲敬德從此誓死效忠。玄武門之變後，魏徵、王均作為太子黨的部下，李世民卻能引為自用。

李世民任賢使能，用不同的人才組合互補智慧。房玄齡屬於謀臣性格，在李世民創業時期的人才庫中，他精於謀略。但在性格上，這種掩飾自己欲望的人，做事務必求全求美，遇判斷拿主意就經常猶豫不決。這時，李世民找來另一位名相杜如晦，他是能進行周密分析、精於決斷的人，任何策略方案經他審視，很快就能變成一項決策，成為有執行力的謀略。「房謀杜斷」的人才互補組合，是李世民打下江山的關鍵，也正是房玄齡和杜如晦的兩人搭檔，齊心謀劃了歷史上著名的「玄武門之變」。

玄武門之變後，初嘗權力的滋味，李世民知道要收斂，必須放低身姿，安撫民眾。在管理之初，他也不清楚創業期和事業創新時期的不同。有一次內部朝會，他論述得天下和治天下的不同時這樣說：「打仗的時候，軍令一出，部隊沒有不聽從指揮的，大家都竭盡所能攻城掠地，錯了也能及時糾正。但是政令一出，就幾乎沒有改錯的機會，所以在出政令之前，如果有人多跟我說『錯了』，這不就很容易做『對』嗎？」此後，李世民逐步建立了中國歷史上第一套完備的諫言制度，讓「不同的聲音」有管道傳遞上來，進而，「貞觀之治」達到了盛世之巔。

身為帝王的李世民能從人治向法治、立諫言的轉變，無論是歷史學家，還是企業管理者都推崇李世民為中國歷史上排名第一的 CEO，其關鍵是佩服李世民在人生旅途中發生的重大轉變。他靠武功創業成功，卻能在完成創業後，用文治創新事業，統禦天下，成就大業。

大廈將傾，猶麻木不仁。如果創業者在此階段開始變得驕傲自滿、專制撥扈，總是停留在過去成功的經驗中，或者底下部屬也開始變得明哲保身，企業中沒有再敢直言的人，變成一言堂的企業，專制的企業，就算取得市場，也會遇到生存危機。

應該「忘了我是誰」

「擺架子」一詞源於古代民間的一項遊戲，後傳到日本成為體育項目「相撲」。相撲比賽是在兩位大胖子之間進行的。比賽開始時，兩個大胖子光著上身，叉開雙腳，彎著腰昂著頭，彼此虎視眈眈。因為相撲運動員擺架勢嚇人，古書中就借它來比喻裝腔作勢擺架勢顯威風的人。

以前，達爾文寫過一本四百餘頁的小書，專門討論人與動物的表情。其中也涉及到擺架子的問題。他老先生認定：人擺架子源於動物之力求增大體積，以恐嚇對方。比方水牛在角鬥之際，伸出脖子亮出兩角，藉以增大自身體積；馬之奮鬣揚蹄；雄雞之豎起羽毛，圓睜雞眼，也無非力求增大體積使對方懼怕。而人之高視闊步，頤指氣使，架子十足，實實在在也不過是力求增大自身的體積，使在芸芸眾生中顯得與眾不同罷了。

某村子裡有一戶人家，戶主叫李不清，有兩個兒子，兩房媳婦。李不清的前輩早年是由外地逃荒要飯流落到這個村子的。他少年時讀過幾天書，有一點學問，道理略知一二，平時與別人談話，就像管理者在主席台上作報告，嗯啊哈的，一二三幾大條，每一大條還有幾小點，時間長了村裡人都叫他「假個六大且的」（意思是喜歡擺架子）。

擺架子看跟誰擺，跟自己的老婆、子女擺擺架子倒也罷了，他與媳婦也擺起了臭架子，媳婦能買他的帳嗎？

李不清所在的生產隊隊長不識字，每天早上在生產隊掛的黑板上排工都請李不清去幫忙。隊長點到誰的名字，李不清就把這個人的牌子掛到做什麼工作的欄目裡。為了抓緊時間，每天早晨上工前社員們都習慣手捧著飯碗邊吃邊找自己的名字，正好李不清大媳婦也隨生產隊幾個婦女一道來看今日做什麼工

第二章 你是否能忘記自己是管理者

應該「忘了我是誰」

作。大媳婦不識字，快嘴快舌，但工作是個熟手，她走到排工榜前左瞧右看，找不著自己的牌子。站在一旁的公公兩臂往胸前一插也不說話，擺著一副做公公的架子。大媳婦可忍不住了，嘴裡罵道：「是哪個老不死的掛的亡人牌子，把姑奶奶的牌子掛到什麼地方去了？」李不清在一旁渾身不自在，眼睜睜的站在媳婦的面前被罵了一通，架子沒擺成，只好低著頭灰溜溜的走了。

在企業管理中，由於受「官本位」遺毒的侵蝕，有些管理者特別是年輕的管理者，一旦走上管理者崗位或被選拔晉升管理者職務後，便淡忘了做人的本質要求和擔任管理者就得有更好的挑起重擔的「挑夫」意識，思想上迅速滋長起當官做老爺的惡習。其表現是，把員工視為低賤愚笨之輩，把自己視為聰明有本事的「英才」，到了員工面前立馬變得「前襟短後襟長」，盛氣凌人，官爺派頭十足；遇到平日很熟悉和相好的同事或員工則兩眼向上斜視，立馬變得異常冷漠、陌生；偶爾到基層作「調查」立馬變得「宰相出朝地動山搖」，動靜很大而且只會講大話、空話，卻不會講員工愛聽的話……員工私下形容他們「官不大，架子不小」，「水準不高，架子端的挺足。」

這樣的管理者對自己的才能與成就「念念不忘」，總是將成就掛在嘴邊，老是說些「我曾經……」、「我已經……」、「我是……的人」，容易使員工認為他太愛炫耀自己，總是故意顯出高人一等，容易因此招來對方的嫉恨，甚至故意刁難。所以，在管理的過程中，管理者應該「忘記」自己，即忘記自己是個當「官」者。

魏文侯是先秦時期一位有雄心的國君，他以朋友的身分和賢人相處，從來不擺君王的架子。魏成子向魏文侯推薦段干木，說他才能出眾，平生不為功名利祿所引誘，一直隱居在西河鄉下，不願出來做官。於是魏文侯親自帶著隨從前去聘請。在段干木的門前，魏文侯親自拜訪，但段干木不想出來做官，他翻過後牆躲避起來。

第二天，魏文侯遠遠的把車子停在村外，下車步行到段干木的門前求見，段干木又躲起來不見。這

輕鬆做主管 Be a relaxing manager
用「心」管理，不是用「薪」管理

樣整整一個月，魏文侯每天都親自前往求見。段干木看到魏文侯這樣真心誠意，很受感動，只好出來相見。魏文侯又請他一同乘車回國都共商國是。從此，魏文侯以待客之禮待段干木，以師事之，而段干木也盡力輔佐魏文侯治理國家大事。

對於愛擺架子的管理者，員工們很不喜歡，但現實中卻不乏這類管理者，這些人不僅同事之間關係難相處，而且管理者與被管理者之間關係也難相處。愛擺架子的管理者表現為：和普通員工保持一定距離。他們平時總是緊繃著臉，不輕易下基層，不輕易接觸員工，把和員工開玩笑、打成一片看成是有損管理者威信的事。有時在現場能了解的問題，卻總是安排他人到辦公室來向他彙報，問東問西，還不時提些問題，以顯示自己的氣度和水準。

認為自己比別人高明沒錯。管理者之所以能成為管理者，就是在某些方面比別人高明一些。但是，愛擺架子的管理者卻將這一點過度絕對化了。不是認為自己高明一點，而是認為自己要高明很多；不是認為自己在某個方面高明，而是在所有的方面都高明。這種缺少自知之明的心理所產生的自大結果，往往害人不淺。

有句俗語：馬的架子越大越值錢，人的架子越大越卑賤。自信、傲氣固然重要，但在管理工作中還真不能驕橫。其實，每個管理者都應該懂得，「官架子」恰似一堵無形的高牆，它橫在幹部和員工之間，極大的損害了和諧的幹部群關係並嚴重妨礙著生動活潑的民主團體氛圍的有效營造。同時還必須認識到，一個管理者不論職位高低、能力大小，最終都要看你能否「為官一任，造福一方」，而根本不在於你有無「架子」。「忘了我是誰」是管理者的一種優點，是謙遜的表現。對自己隻字不提，就表明沒有必要談論自己，並希望靠自己的所作所為來使員工了解自己的長處。

學會包容員工

在經營管理中，身邊是自己的員工，外面是客戶和競爭對手，他們每個人都有自己的個性、愛好和生活方式，教養不同，文化水準不一樣，生活經歷有別，不可能大家同一節拍，更不可能都隨你的心願。難道因為看不慣員工愛說愛鬧就不管他工作是否優秀而將他辭掉？難道因為客戶無端指責了你，你就與他斷絕一切往來？這當然不成。做一個企業的管理者要有容人之量，這樣才會有人與你共事，為你效勞。

袁紹進攻曹操時，讓陳琳寫了三篇檄文。陳琳才思敏捷，斐然成章，在檄文中，不但把曹操本人臭罵一頓，而且罵到曹操的父親、祖父的頭上。曹操當時很惱怒，氣得全身冒火。不久，袁紹失敗，陳琳也落到了曹操的手裡。一般人會認為，曹操不殺陳琳就難解心頭之恨。然而，曹操並沒有這樣做。他愛慕陳琳的才華，不但沒有殺他，反而拋棄前嫌，委以重任，這使陳琳很感動，後來為曹操出了不少好主意。

作為一個管理者，首先要具備豁達、包容的胸襟，才能成為一個優秀的管理者。俗話說：「有多大度量成多大事」。心胸狹窄，不懂得寬容的人，自己做事也許會取得小小成就，但是做管理者卻肯定不能成氣候。本來，管理者與員工這種僱傭與被僱傭的關係就容易有隔閡，員工們害怕被管理者指責而加倍小心，努力工作，如果管理者對員工出現的每一處錯誤都不放過，斤斤計較，就會更加劇這種恐懼。試想，一個員工和管理者互為敵人的企業，怎麼能做好、做大呢？

事實證明，越優秀的管理者越有寬容之心。寬容猶如春天，可使萬物生長，成就一片陽春景象。宰相肚裡能撐船，不計過失是寬容，不計前嫌是寬容，得失不久踞於心，亦是寬容。寬容可助你贏得員工的忠誠，保持其積極進取的心；可使你不受一時得失的影響，保持對事情正確的判斷。所以，如果你想成為優秀的管理者，就要學會寬容，養成能夠容忍諒解員工不同見解和錯誤的度量。

假如你不相信這一點，不按「寬容」行事，那麼你就永遠不可能成為一名真正的成功者。試想，如果你因別人的一點過錯就心生怨恨，一直耿耿於懷，甚至想打擊報復，整日沉湎於一些瑣事上，那麼你還有精力發展自己的事業嗎？學會善待員工，擁有豁達、寬容的胸懷是成功管理者必須走出的第一步。

史塔克出生在一個羅馬天主教家庭，最初他一直認為自己可以成為一個優秀的神父，於是進了一所神學院。後來他發現神學院對他不太合適，這也是順理成章的事。

「我在神學院的日子裡一敗塗地。」史塔克對此直言不諱的說，「然後，我就離開那裡進了大學，但很快就被開除了，後來我又去當兵，但他們不想要我。於是，我就決定嘗試一下下海經商的滋味。」史塔克的早期經歷簡直就可以說是失敗。在通用汽車公司時，由於在工作時間玩撲克牌被管理者發現而被解雇。但他很快又謀得了另一份工作，為地處芝加哥郊區的國際公司的一家工廠負責送快遞。

由於表現良好，二十六歲的傑克．史塔克被派到全公司生產狀況最糟糕的部門，負責那裡的管理工作，管理五個死氣沉沉的領班。這五個領班的年齡都比他大很多。顯然，他指揮不了這五個人。因為年輕，自然就沒有威嚴。另外，這五個人一致認定他屬於空降部隊，因此，史塔克要想行使自己的權力，只會增加他們對他的反感和怨恨。但是，史塔克還得負起應有的責任來，提高生產。如果他不能應付自如的指揮別人做事，那麼他就必須想別的法子把工作做了。於是，他決定採取一種迎合員工自我心理的方式去開展工作。

史塔克每天都要把這五個人負責的員工們頭一天的工作成績告訴這五個領班，即他們生產了多少零件，有多少次級品。他每天還要給所在的部門總的生產情況打分，並把結果與全廠其他六個部門的情況進行比較。想不到，這五位領班了解到自己的工作情況後，意識到他們作為一個整體，竟然工作得那麼出色。於是，他們開始互相鼓勵，因此生產效率迅速提升。

早晨，史塔克走進辦公室時，不會擺出一副冷冰冰的面孔，而是開朗真誠，因此，員工大受影響，也表現出了比以往更高的熱情來。他那個部門第一次打破以前的生產記錄時，史塔克把那五位領班召集到一起，買了些咖啡，一起聊聊天，慶祝一下，感受一下取得成績後的快樂心情。第二次創生產記錄時，史塔克不僅僅買了咖啡，還買了許多的甜點來慰勞大家。第三次破生產記錄時，史塔克把這五位領班請到自己的家裡吃披薩、玩撲克牌。這樣，在上任不到三個月的時間裡，史塔克用自己實際言行的影響力，使所在的部門成了全廠生產率最高的單位。

後來，史塔克因為自己出色的工作成績，被公司管理者再次委以重任。為什麼能取得如此優秀的成果呢？史塔克說，那是因為他堅信這一點，即：不管你有什麼頭銜，你也絕不比別人高明多少。

這不僅僅是一種精神上的頓悟。正像史塔克所充分證明的那樣，這還是有效發揮管理者影響力的關鍵所在。管理者不應動輒以自己的頭銜和地位壓人，並靠此對別人施加影響，進而把自己與其員工孤立起來，而應採取一套截然不同的方法。這種方法很普通，也很簡單，就是要主動和員工接觸，不斷的發揮自己的影響力。

聽到員工的「真話」

蒙牛總裁牛根生信奉一句話：「聽不到奉承是一種幸運，聽不到批評卻是一種危險。真正的朋友應該說真話，不管話多麼尖銳；阿諛逢迎沒有牙齒，卻能吃掉人的骨頭。」

翻開歷史，古代暴君諸如夏桀、商紂王、隋煬帝，現代的希特勒、墨索里尼等法西斯頭子，他們的一個共同特點就是專制擅權，濫用專制權力，殘酷蹂躪人民，最終都落得國破家滅，死於非命。這些事實說明，誰如果過度看重權力、使用權力，不僅會變成貪汙腐敗的掮客，還會成為專制獨裁的幫凶。因此，阿克頓爵士有一句名言：「權力導致腐敗，絕對的權力導致絕對的失敗。」

在某公司，職業經理人楊林上任後的第三天，有兩名業務員拿著幾張差旅費報銷單據找到他，要求簽字報銷。楊林不清楚公司財務制度，詢問財務部經理，財務部經理支支吾吾、無言以對。過後楊林才明白，公司根本就沒有成文的差旅費報銷制度，報銷的標準就憑老闆臨時決定、自由心證，覺得應該報就可以報，覺得不應該報就不報。但是，老闆每一次的考慮都不一樣，於是就常常發生這種現象：在某一次可以報銷的費用，到了下一次就不能報銷了。老闆心情好時可以報銷的費用，到了老闆心情不好的時候就不能報了。公司沒有正式財務制度，其他所有的制度也都沒有，事無巨細全部由老闆一個人決定。

這家企業根本就沒有規範的管理制度，包括非常重要的財務制度，公司的運行完全處於一種非制度化的混亂狀態中，是典型的老闆權威第一。這是企業的一個致命缺陷，長此下去，這家企業能否持續經營是一個問題。

有些管理者只喜歡聽好話，容不得不同的聲音。在各種議題的會議上，管理者大談人人要坦誠，大家要放開心扉。但與會的人員卻一點都「不坦誠」，總在揣摩管理者的心思，不厭其煩的重複和擴大管理者希望聽到的話，而對於公司存在的問題卻如蜻蜓點水般一掠而過，不痛不癢的從正反兩個方面來說明和提出「我們總的來說做得不錯，還有改進的空間」。管理者都喜歡聽好話，對於批評是不容易接受的，所以，有些員工為了討好管理者，往往只講好話，因此管理者就很難聽到員工的真正意見了。

英國巴林銀行倒閉前是英國的大投資銀行之一，曾被視為英國銀行界的泰斗。它主要從事投資銀行業務和證券交易業務，其在新加坡的分支機構業績尤為出色。負責期貨交易的經理尼克．里森因其工作成績突出，被委任為新加坡巴林期貨有限公司的總經理，權力極大，幾乎不受什麼監督。從一九九四年秋天開始，里森做起了投機交易，而且胃口越來越大，一發不可收拾。其上司及倫敦總部不僅沒有加強監督，反而給予里森更大的權力。一九九五年二月，里森做的日本股票和利率期貨交易虧損四億英鎊之巨。關鍵時刻里森一逃了之，巴林銀行得知訊息時為時已晚，經過兩天多的晝夜努力，仍回天無術，只能宣布破產。一家具有兩百三十三年悠久歷史的老字號銀行，就這樣毀於一旦。

我們從巴林銀行倒閉案中可以看出，擁有絕對權力的管理者是不會，也不可能聽到員工內心真實的聲音的。而管理者要提高自己的威信，關鍵是要真心和員工接觸，而不是擺出一副管理者的架勢，逼迫員工服從，那樣只能出現「務實」的員工，而不是真正想做事的員工。一個管理者若不明了自己什麼地方不對，或者有什麼地方需要改進時，就應該多多鼓勵員工說出「真話」，並聽取他們的意見，這才是一位管理者所應具備的基本素養。就如下面的案例一樣。

自二〇〇八年五月以來，中國某大型礦業集團把轉變機關管理工作作風作為「和諧礦區」的重要工作加以落實，充分發揮群團組織力量，由工會職代會、黨委信訪辦牽頭，針對當前市場物價高漲，員工收入低，學生學費偏高等熱點問題，組建了「員工意見接轉中心」，並在二十三個基層分部、隊工會中成立了群眾意見反映接待站，聘請了一百多名義務「穩定資訊員」，為企業穩定和諧發展做到了保駕護航的作用。

礦業集團針對當前群眾最為關心的薪資分配、市場物價高漲等熱點問題，以「約見會、見面會，溝通會、接待日」為載體，通過透過管理者走下去的雙向互動，把員工家屬關心的民生問題透過對話交流中建議或意見轉交到職代會、民管會、廉政工作會、黨委工作會上，為企業的生產經營、安全監管、生活後勤服務等工作提供了參考，切實解決了當前群眾關心的熱點、難點、疑點問題，疏通了員工家屬的情緒。七月二十二日，「員工溝通日」活動在該礦業集團廣場展開，表明了企業「抓管理，強和諧，解難題」工作作風的轉變，員工在與管理者的直接溝通中相互達成一致的共識。過去，許多員工家屬不理解的問題得到一一落實。

「各位主管，我今天是來發『牢騷』的，不管我說得對與不對，僅供主管參考。」李師傅的一席話表明了企業需要聽到員工呼聲的落實。員工張師傅說：「機關管理者直接到基層與員工對話，查找管理中的問題，解決員工心中的矛盾，轉變工作作風的做法就是好，好在我們有地方出氣了。」另一名王師傅更認為，企業把員工的意見透過對話梳理，變成管理方法加以落實，最終消除的是勞資雙方的矛盾，促進企業發展中對員工所思所想的尊重。

組織溝通對話的副部長說：「與員工對話，切實知曉民生的溫度，從工作方法中回頭看作風，重視經濟建設不能忽略員工的思想矛盾，一旦積怨太深，小矛盾會引發大的社會問題發生，不利於企業發展，更不利於和諧礦區的建設。」「多到基層聽員工說真話，了解員工的思想動態，知曉員工對企業安全生產、經營管理的想法，是企業管理的重要資源，是化解群眾矛盾、構建和諧社會的需要，有利於員工隊伍的建設，更有利於企業的和諧發展。」官員說。

接連三個月來，該礦業集團「員工意見接轉中心」收到各種意見和建議一百多條，經過整理成為企業管理的新方法被加以落實。同時，該礦業集團出台了《構建和諧礦業》實施意見，以「一個基本點，落實兩個中心」兌現員工家屬的承諾，即抓住員工薪資分配基本點，落實社區服務、生活後勤管理中心，把員工家屬的思想教育、思想觀念的轉變對接到企業的服務職能中，對接到管理者形象教育中，並加以重點落實。

智者千慮必有一失，再智慧的管理者也難免出錯，如果對員工說出的「真話」——批評不加以重視，會使他們心灰意冷，不再提出意見，而等到管理者到了真正需要建議的時候，員工也不會積極提出建議了。

管理者不一定是對的

有的管理者常常喜歡在眾人面前斥責員工，以此來把責任轉移到員工身上，使其他員工知道，這不是他的錯，而是某個員工辦事不力。我們要說的是，你既為該單位的管理者，無論如何，你總該對企業的人與事負有責任，這是推諉不掉的。一味強調自己的不知情，反而暴露出你的管理不力，或由你所制定的管理體制不健全。更不能給人留下自私與狹隘的印象。企業所出現的一切，是全體員工努力的結果，管理者應負起這個責任。管理者拿員工為擋箭牌，逃避責任，作為代罪羔羊的員工很可能因此自暴自棄，以後對任何活動、任何工作也不會熱衷了。

在發生問題的時候，管理者應該負起責任處理問題。如果管理者確實不十分知情，該把有關人員找來問清楚，然後讓員工回去繼續工作。

有一位俠客下屬近千人。一次，朋友問他：「有那麼多的弟子仰慕你、跟隨你，你是否有什麼祕訣呢？」他回答說：「當我要責備某一位犯錯誤的弟子時，一定叫他到我的房間裡，在沒有旁人的場合才提醒他，就是如此。」日本的社會學家島田一男在援引這個例子後說：「無論是輩分較長的人或是上司，都應該有這位俠客的認知才好。在大庭廣眾之下被責罵，會覺得很沒面子，很可能會萎靡不振、意志消沉，有的可能對你產生反抗或憎惡的態度。」設想一下，假若員工因為被你當眾責罵而覺得下不了台，抱著橫豎都挨責備的心理，一反常態的和你爭吵起來，甚至把公司一些不該為外人知道的東西也透漏出來，管理者本為保全自己的面子，如此一來，豈不是連面子都保不住了嗎？

有些管理者似乎喜歡「痛打落水狗」，出現錯誤的員工越是認錯，他咆哮得越是厲害。他心裡是這樣想的：「我說的話，你不放在心上，出了事你倒來認錯，不行，我不能放過你。」或者，「我說你不對，你還不認錯，現在認錯也晚了！」這樣做的結果一種可能是被罵的員工垂頭喪氣，假若是女性員工的話，還可能嚎啕大哭而去；另一種可能，則是被責備的員工忍無可忍，勃然大怒，大鬧一場而去。這時候，挨罵員工的心情基本上都是一樣的，就是認為：「我已經認了錯，你還抓著我不放，實在太過分了。在這種管理者手下，教人怎麼過得下去？」性格比較怯懦的人，因此而喪失了信心，剛強的便發起怒來。顯然，管理者這麼做是不明智的。

作為管理者，看到員工做錯了事，總是很生氣的。尤其是當這些事至關重要的時候，管理者的氣就更甚了：「你這個人怎麼總是這樣，沒一件事辦得好！」「連這點事情也做不好，我真不明白要你這種人做什麼？」諸如此類非難的話，會使員工萬分尷尬、沮喪，於批評效果絕對沒有好處。只要是人，誰都會有失敗的時候。人生，就是由無數的失敗堆砌而成的。有這麼一個故事：有個少女犯了罪，人們手持石塊要砸死她。這時，耶穌出現了。耶穌說：「無罪的人才能砸死她。」人們悄然無聲的散開了——沒有人是無罪的。失敗也一樣，沒有一個人能保證自己永不失敗，那也就沒有一個人能為難失敗者。再說，一般情況下，失敗者本身總是極度痛苦的。這個時候你再去責罵他，除了徒增他的煩惱之外，於事何補？

有的管理者說：「不是我得理不饒人，這傢伙一貫如此。做事的時候漫不經心，出了問題卻嘻皮笑臉的認個錯就想了事，我怎麼能不管他？」的確有這樣的人。但即使對於這樣的人，在他認錯之後再大加指責仍是不高明的。不論真認錯還是假認錯，認錯這件事本身並不是壞事，所以你先得認同這件事。然後，便可以順著認錯的思路繼續下去：錯在什麼地方？為什麼會犯這樣的錯誤？錯誤造成了什麼後果？怎樣彌補由於這個錯誤而造成的損失？如何防止再犯類似錯誤等等。只要這些問題、尤其是最後一個問題解決了，批評指責的目的也就達到了。

不要因失敗而指責。失敗的原因是多種多樣的，或是員工不夠努力，或是員工的經驗不足，再或者是由於某些客觀條件不夠成熟，甚至可能是由於巧合，偶然的失敗了。在所有這些原因中，除了不夠努力尚可指責外，其他都不能簡單的歸咎於失敗者。如果不分青紅皂白，一聽到或看到員工失敗，就肆意指責的話，員工是肯定不會心服的。因為成功都是在經歷了失敗之後才取得的。換句話說，要有人去失敗，才會有人成功。如果一失敗就會遭到劈頭劈臉的指責，人們就會過度害怕失敗，遇到該冒險的事也不敢或不願去冒險。什麼事都要有百分之百的把握才去做，那還會有什麼遠大的進展？看上去是保險可靠了，但企業的競爭力也大大減弱了。當然，我們也不是說失敗時一概不可責備。如果所有的失敗都不能指責，那管理者恐怕就沒有什麼可以指責員工了。

我們在此列舉一些不可指責的類型，以供管理者在看到員工失敗時用以區別：同樣是失敗，如果動機是好的，沒有惡意的話，則不可指責。指責的目的是糾正和指導，如果動機良好而無心犯了錯誤，就沒有必要指責，只需糾正他的方法就可以了。反之，基於惡意、懶惰所造成的失敗，就要給予處罰；由於上司或前輩的指導方法錯誤而造成的失敗，當然也不能指責。要先弄清楚責任所在，指責該負責的人；剛試著做或正在實驗中的事，結果尚不明確，不能加以指責。否則，員工就沒有勇氣再嘗試下去，造成半途而廢。由於不能防止或不能抵抗的外在因素的影響。這種情況當然不是員工的錯，員工沒有義務承擔這個責任，沒有責任就不能指責。以上種種，不過是舉幾個例子而已。情況是複雜的，多變的，究竟什麼事該指責，什麼事不該指責，還需靠管理者的判斷力。但有一點，管理者須記住，就是員工有失敗的權利，千萬不要簡單的因失敗而指責。

發號施令總是孤獨的

美國著名管理學家鮑威爾曾說過：「發號施令總是孤獨的。」伴隨著身居高位的喜悅而來的，還有一些很難做出的決定。當你的決定可能使一些員工的利益或企業陷入險境時，你也會感到深深的焦慮。

孤獨是不可避免的，但孤獨應該被抵消。管理者與員工的和諧相處是非常重要的工具。危機出現時，管理者必須很明白的說明事情將要如何發展，這實際上是在描繪事後他將面對的情景。描繪這種情景的過程不僅闡明了管理者的想法，同時也鞏固了他作為管理者的地位。當慶祝勝利或者承認失敗的時刻來臨時，整個單位就更有可能緊密的團結在管理者的周圍。

在企業管理中，全才的管理者如鳳毛麟角，而成功的管理者卻隨處可見。由此我們不難推知，管理者事實上也並不都是全才。他們之所以獲得成功，完全是基於優秀的品格和出色的控制能力。

「我們雖然是同事，但也是人，怎麼能動不動就加班，連個慰問都沒有？年終獎金也沒幾文。」老王要去找總經理抗爭。老王出發之前，義憤填膺的對同事說，「我要好好訓訓那個自以為是的總經理。」

「我是老王」，老王對總經理的祕書說，「我約好的。」「是的、是的，總經理在等你，不過不巧，有位同事臨時有急事進去，麻煩您稍等一下。」祕書客氣的把老王帶到會客室，請老王坐，又堆上一臉笑：「你是喝咖啡還是喝茶？」「我什麼都不喝。」老王小心的坐在大沙發上。「總經理特別交代，如果您喝茶，一定要泡上好的凍頂。」「那就茶吧！」不一會，祕書小姐端進一碗蓋碗茶，又送上一碟小點心：「您慢用，總經理馬上過來。」

「我是老王」，老王接過茶，抬頭盯著祕書小姐，「你沒弄錯吧！我是同事老王。」「當然沒弄錯，你是公司的元老，老同事了，總經理常說你們最辛苦了，別人加班到九點，你們得忙到十點，心裡實在過意不去。」正說著，總經理已經大跨步的走出來，跟老王握手：「聽說您有急事？」「也……也……也，其實也沒什麼，幾位同事叫我來看看您……？」不知為什麼，老王憋的那一肚子不吐不快的怨氣，一下子全不見了。臨走，還不斷對總經理說：「您辛苦、您辛苦，大家都辛苦，打擾了！」

總經理還沒出現，已經把問題化解了一大半，不是嗎？碰上正激動的老王，與其一見面就不高興，何不請他坐，讓他先冷靜一下？他如果有怨言，覺得不被尊重，何不為他奉上茶點，待為上賓，使他受寵若驚？人都要面子，也都要情。你先把對方的面子給足了，再狠的人，他會為你留點面子。更重要的是，當你遇到實力比你差得非常多的對手時，如果你硬是高高在上，由於他沒有「談的籌碼」，往往會流於意氣之爭，作困獸之鬥。所以管理者遇到員工故意找碴時，一定要先學會寬容。能夠透過解決的事，何必「以權壓人」呢？

有一家公司，不僅在廠門口裝上了指紋辨識打卡機，而且各部門都裝上了監控攝影機，還規定了三百六十五條「不准」的制度。大家被管理得死死的，一肚子怨氣，但誰都沒有膽量跟老闆唱反調，只好背地裡抱怨。怨言傳到了老闆耳朵裡，老闆說：「好呀，大家都對我有氣，我一定讓你們出個夠。」

幾天後，公司裡設了一個出氣房。老闆給自己塑了個橡膠模型，放在出氣房裡供員工出氣。可是誰都不敢去，還是在背後抱怨。但既設了出氣房，就得發揮作用。老闆下命令，每個員工都得到出氣房對他出氣，首先從中層管理者開始。趙川是中層幹部，沒有辦法，不出氣不行。趙川也看到一個一個員工從出氣房出來樣子都十分輕鬆。最後輪到他時，他也不客氣，不但動了口，而且還對老闆的橡膠模型動了手，把這麼些年來對老闆的不滿都淋漓盡致的宣洩了出來。這辦法還真管用，出完氣，心裡覺得特別舒暢。接著，每個工人也都被逼進了出氣房。聽說老闆的橡膠模型最後被砸成了碎片。

一個星期後，公司進行了改革，一大批人出現在資遣名單裡，趙川就是其中的一個，也是中層幹部唯一一位。他不明白怎麼會這樣，準備向老闆問個明白。知情人水均娜對趙川說：「你小子出手太狠了，老闆的下體被你踹了好幾腳。」趙川說：「我踹老闆下體，老闆怎麼知道？」水均娜指著遠在牆角的攝影機說：「都連網了。」趙川又說：「這麼多人都出了老闆的氣，怎就我一個被資遣？」水均娜笑道：「傻哥們，人家進了出氣房就是跟老闆握手，對老闆說好話，哪像你呀，吐老闆一臉口水，還對老闆動手動腳。太狠了啦！像你這樣一票人都上了黑名單。」趙川頓時腿軟了，他不明白，到底是誰下手太狠。

故事中，老闆設了一個出氣房讓員工發洩心中的不滿，本是一件好事，但老闆的目的並不在於想聽到員工的真實想法，而是使用手中的權力把一些反對者的員工清理掉。

有這麼一則寓言，說的是作為森林之王的老虎幾乎飽嘗了管理工作中所能遇到的全部艱辛和痛苦。牠終於承認，原來老虎也有軟弱的一面。牠多麼渴望可以像其他動物一樣，享受與朋友相處的快樂；能在犯錯誤時得到牠們的提醒和忠告。可是老虎身邊的動物們對牠都表現得很「忠順」，誰都不敢向牠提出建議。

在管理工作中，不少管理者就像孤獨的老虎一樣，也時常會體會到「高處不勝寒」的滋味。由於管理者和下屬之間有著上下級的關係，容易產生鴻溝，使得員工對管理者都像對待老虎一樣敬而遠之，畢竟伴君如伴虎，誰都不願意指出管理者的錯誤，因為害怕管理者惱羞成怒，進而自找麻煩，因此，有的員工反而向管理者拍馬屁。也有員工敢摸「老虎」的屁股，對管理者的命令要麼提出抗議，要麼陽奉陰違。也有的員工能力沒多強但野心倒很大，對管理者寶座打主意，他們不僅不會阻止管理者犯錯，反而會等著看管理者的笑話，等管理者倒台正好可以取而代之。出現這種結果的原因就是管理者過度看重了手中的權力，習慣了發號施令，忘了自己也是凡人。

小湯姆斯．華生是 IBM 創始人老湯姆斯．華生的長子，也是該公司第二代領導層中最重要的決策人。華生在這個龐大的產業帝國裡擁有至高無上的權力，但作為一個精明的企業家，他又清醒的認識到權力過於集中的弊病。為此，他十分注重調動其下屬的主觀能動性，而痛恨那些只會在他面前唯唯諾諾的人，他說：「我需要的是活生生的人。我不希望我周圍的人只會對我說『是』，我真的希望你們能經常推開我的房門，大聲對我說：『你錯了！你應該……』唯有如此，我才能坐在這把交椅上而無後顧之憂。」

讓人遺憾的是，我們很多管理者就缺乏小湯姆斯．華生這樣的氣魄和度量。這是一些企業做不強的最根本原因。一般情況下，員工有心聲都是「忠言」，或者至少是出於為企業著想的目的，但是「忠言逆耳」古已有之，管理者聽到「真話」就會覺得不舒服，甚至成為黑名單。因此，管理者要想不再成為發號施令的孤獨者，就要重新考慮自己對行使權力的態度。

與員工打成一片

在企業中的任何一個人都是平等的。無論是部門經理還是高級主管，與員工之間並沒有本質差別，唯一的差別就是大家分工不同，分處不同的職位，負責不同的工作，但都是朝著同一個目標，完成一個共同的使命。

企業的管理者應該跟員工打成一片。只有與員工的「親密」接觸，才能全面的了解他們的真實想法，加強與員工的關係，還可能從他們身上獲得奇思妙想，殊不知很多偉大的想法就是在這樣的交談中得到啟發的。員工們站在生產或銷售的第一線，最熟悉顧客想要什麼。公司的管理者只有在與員工相處中才能發現實際上存在的問題，掃除阻礙企業發展的障礙。

奇異電氣奇異電氣公司的前總裁威爾許被譽為二十世紀最偉大、最成功的企業家之一。他在短短的二十年內，就把奇異電氣帶入世界五百強的前三位，創造了無數的輝煌成績。他是一個善於與員工打交道的老闆，經常與他們「混」在一起，並樂在其中。他從一名技術員升到董事長，幾乎在公司的每個部門都待過，總能和員工保持非常融洽的關係。

有一次，威爾許在家裡舉辦一個小型派對，不但邀請公司的高層主管，還有幾名基層的員工也一起參加。為了帶動派對氣氛，他還讓妻子準備了卡拉OK，要每個參加聚會的人都獻上一首歌曲，很快就讓大家沉浸在香檳與音樂的歡樂之中。正當大家玩得非常高興的時候，幾名基層員工提出要先回公司。威爾許感到很納悶。原來，公司正在準備一批產品，按照正常工作時間根本無法完成，即使加班也未必能夠按時交貨。工人怕耽誤交貨的時間，只好利用週末的時間加班。一向果斷的威爾許，第二天立即召開會議，研究產品的生產計畫安排。經過研究才發現，實際上確如員工所說，不可能在這麼短的時間內

輕鬆做主管 Be a relaxing manager
用「心」管理，不是用「薪」管理

就將產品生產出來。他決定重新制定生產計畫，並要求考慮工人的實際情況，盡快提出一個解決方案。此外，他還特地去感謝幾名基層員工的合理建議。

一次不經意的聚會卻讓威爾許意外的發現了問題，由此可知，企業的管理者與員工廣泛接觸，近距離的傾聽他們的所思所想是多麼的重要。威爾許甚至開玩笑的說：「如果那些傢伙總是不把員工放在眼裡，自以為是，不能和員工打成一片，被開除的機會就很大。」

失敗的企業各有各的缺點，但成功的企業都有一個共同的特點：擁有一大批平易近人的管理者。這些成功的企業家大都能與員工保持很好的關係，他們之間不存在上下的階級關係，勞資雙方有一種家人一般的親情。李嘉誠就是這方面的典型例子。

李嘉誠從來沒有給人高高在上，對員工不屑一顧的感覺。他熱衷於與員工充分的溝通、交流，強調與員工打成一片的重要性，就是因為受到日本東芝公司的啟發。李嘉誠非常喜歡看書，經常翻看著名企業家的成長歷程。他從書中發現日本東芝電器公司的社長十分推崇「走動式管理」。對此，他也非常認同。他總是走進員工中，深入的體察民意，了解企業和員工的真實情況，只要發現問題就立馬解決，有力的促進了公司的生存和發展。李嘉誠告訴員工：「現在我不是公司的管理者，你們只需要把我當成你們的長輩，我今天坐在這裡就是想跟你們分享彼此的經驗，這樣我們大家才都能成長。」簡單的幾句話，就把大家的距離拉近了，員工們的心一下放了下來。在李嘉誠看來，發現公司細小問題的最快速、最有效率的方式，就是與員工打成一片。只要有機會，就要和員工多多的交流、溝通，從他們的談話中就可以發現平時根本無法察覺的事情。

李嘉誠平時工作非常忙，根本沒有時間去工廠視察工作。於是，他就利用中午的時間，和員工一起到員工餐廳吃飯。一開始，很多人還以為眼睛看花了，李嘉誠怎麼也跑到員工餐廳和我們一起吃飯。而李嘉誠只要看到員工驚訝的眼神，總會微笑著先與員工打招呼。開始時，李嘉誠會發現整張桌子就他一個人在吃飯，甚至連周圍的餐桌都沒有人，員工都離他很遠。李嘉誠一看沒有人想和他坐在一起，就「不識趣」的主動坐過去。久而久之，李嘉誠就和員工非常熟悉了，大家對他到員工餐廳吃飯也不會感到大驚小怪，更搶著和李嘉誠坐在一張桌子上。

企業的管理者應該放下尊貴的架子，走入員工之中，說不定不經意間你就會有「重大發現」。管理者和員工們在一起時，可以不只是上下級關係和工作關係。在工作之外還會有同事之間的感情，還可有兄弟、姐妹般的關懷、愛護，也可以在工作之餘共同娛樂。總之，管理者要和員工打成一片，一個人的能力畢竟有限，沒有員工的幫助，企業是很難走向成功的。管理者與員工親切友善打成一片，能使企業更有效的邁向成功。怎樣才能與員工親切友善打成一片呢？那就是要平等對待員工。由個人自尊心而產生的要求平等的意識在企業管理中是不可忽視的。優秀的管理者都十分重視這種平等意識，準確的把握並合理的安排工作，使企業上下齊心，與員工們和諧相處。

輕鬆做主管 Be a relaxing manager

用「心」管理，不是用「薪」管理

第三章 學會扮演一名傾聽者

古希臘先哲蘇格拉底說：「上帝給了我們兩隻耳朵、一張嘴巴，其用意就是讓我們少說多聽。」這句話形象而深刻的說明了「聽」比「說」重要。「傾聽」是成功管理者應具備的素養，只有充分調動起耳朵，才能有效溝通，更加了解你的員工並管理好員工。

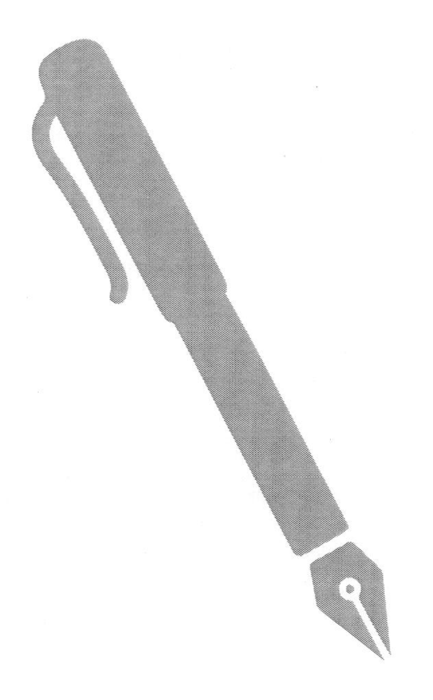

溝通是管理的濃縮

松下幸之助有句名言：「企業管理過去是溝通，現在是溝通，未來還是溝通。」管理者的真正工作就是溝通。不管到了什麼時候，企業管理都離不開溝通。正如人體內的血液循環一樣，如果沒有溝通的話，企業就會趨於死亡。

著名組織管理學家巴納德認為，「溝通是把一個組織中的成員聯繫在一起，以實現共同目標的手段。」沒有溝通，就沒有管理。溝通不良幾乎是每個企業都存在的老毛病，企業的機構越是複雜，其溝通越是困難。往往基層的許多建設性意見未及回饋至高層決策者，便已被層層扼殺，而高層決策的傳達，也常常無法以原貌展現給所有員工。

沃爾瑪公司總裁薩姆·沃爾頓曾說過：「如果你必須將沃爾瑪管理體制濃縮成一種思想，那可能就是溝通。因為它是我們成功的真正關鍵之一。」溝通就是為了達成共識，而實現溝通的前提就是讓所有員工一起面對現實。

沃爾瑪公司總部設在美國阿肯色州本頓維爾市，公司的行政管理人員每週花費大部分時間飛往各地的商店，通報公司所有業務情況，讓所有員工共同掌握沃爾瑪公司的業務指標。在任何一個沃爾瑪商店裡，都定時公布該店的利潤、進貨、銷售和減價的情況，並且不只是向經理及其助理們公布，也向每個員工、計時工和兼職雇員公布各種資訊，鼓勵他們爭取更好的成績。沃爾瑪公司的股東大會是全美最大的股東大會，每次大會公司都盡可能讓更多的商店經理和員工參加，讓他們看到公司全貌，做到心中有數。薩姆·沃爾頓在每次股東大會結束後，都和妻子邀請所有出席會議的員工約兩千五百人到自己的家裡舉辦聚會，在聚會上與眾多員工聊天，大家一起暢所欲言，討論公司的現在和未來。

沃爾瑪借用共用資訊和分擔責任，適應了員工的溝通與交流需求，達到了自己的目的：使員工產生責任感和參與感，意識到自己的工作在公司的重要性，感覺自己得到了公司的尊重和信任，進而積極主動的努力爭取更好的成績。

現代企業，人與人之間，部門與部門之間，上下級之間以及其他各個方面之間，特別需要彼此進行溝通，互相理解，互通資訊。然而，在現實生活中，人與人之間卻常常橫隔著一道道無形的「牆」，妨礙彼此的溝通。儘管現代化的通訊設備非常先進，但卻無法穿透這種看不見的「牆」。如果溝通的管道長期堵塞，資訊不交流，感情不融洽，關係不協調，就會影響工作，甚至使企業每況愈下。仔細分析起來，我們會隨時看到這種「牆」的存在。企業的員工千差萬別，成功的管理就是要善於同各種類型的員工打交道，其根本就是企業管理者要準確掌握員工的語言與行為方式。人類的所有語言都不像貓和狗的語言那樣完全不同，若企業管理者能做到利用員工的語言去與他們打交道，就能輕而易舉的突破溝通障礙，減少許多不必要的管理麻煩。

約翰先生是一家鋁器工廠的管理者，他是一位人際關係管理的大師，有著高明的領導藝術。當一個遠道而來的新員工加入他的部門時，他就會想到這個小夥子背井離鄉，初來乍到一定有很多不便，他會盡力幫他找一個住處。他還請祕書和兩個女職員幫忙，為職員籌辦生日宴會，這件事情所花時間不多，卻讓職員很感動，增強了他們的向心力。當職員或其家人生病時，他會抽時間去探望拜訪，並且誇獎他們工作上的成就。他甚至為一位不勝任工作而被辭退的員工找到另一份好工作。總之，大家都覺得跟著他做，工作有保障，不怕丟掉飯碗。他和職員實現了雙贏：員工最大的工作保障換來了他自己最大的工作保障。

作為管理者，在與員工溝通時應該注意以下幾點：第一、明確溝通目標；第二、熟悉情況如環境、對象的性格等；第三、充分準備，胸有成竹；第四、當前需要與長遠目標相結合；第五、同理心，真正理解對方心意；第六、對事不對人，公平正直；第七、觀察和應對溝通後的各種回饋。

消除員工心中的煩惱和不滿，最好的方法是讓員工把抱怨的話說出來，以便減輕怨恨的程度，甚至化解衝突。當員工用語言發洩不滿時，我們需要認真傾聽。

「經營之神」松下幸之助每天最喜歡做的事就是找員工聊天，傾聽他們的牢騷。在傾聽的過程中，他什麼也不做，只管認真的傾聽。很多高層主管從松下幸之助這個「嗜好」中發現了一個神奇的事實：儘管松下幸之助傾聽完員工的意見後，並沒有迅速給出答覆，但說話者本人的憤怒和不滿卻大大的減輕了，他們好像受到了莫大的激勵一樣，重新投入了工作。

作為管理者，如果一位因感到自己待遇不公而憤憤不平的員工找你評理，你只需認真的聽他傾訴，當他傾訴結束後，心情就會平靜許多，甚至不需你作出什麼決定來解決此事。由此可見，管理者如果在溝通中學會傾聽，就能消除矛盾、緩解衝突，更好的讓員工「動」起來。尤其是在當今競爭加劇的情況下，人才的競爭使得員工的跳槽越來越頻繁。「堵人之口如堵川」，面對這樣一個在所難免的事實，給員工充分的話語權，讓他們把心中的不滿發洩出來，自然會平息抱怨、化解矛盾。

在企業的生產活動中，有的業務部門不明確自己的生產活動應當與整個企業的生產計畫協調一致，有的甚至不擇手段的追求部門的私利，不考慮其他業務部門的利益，更不願意與其他部門進行合作。他們沒有想到這樣做，會給整個企業的生產活動帶來什麼不良後果。又如，有的管理人員主觀武斷，一個人說了算，聽不進下級的意見。更聽不進對自己所犯錯誤的批評。他們不懂得上下級之間要經常進行溝通，不懂得如果下級的意見和建議受到忽視、冷漠，就會傷害他們的積極性和對企業的信任感，下級就會消極、沉悶下去。這樣的話，一旦企業發生什麼緊急情況，需要全體員工出主意、想辦法、共渡難關時，員工就會無動於衷，不會有任何的熱情和積極性。所以要管理好現代企業。就要不斷加強企業內部的互通資訊、傳遞資料、交流感情，員工清楚知道公司的方針、政策和所處的形勢，並且逐步建立起一套成熟完善的溝通系統。

溝通要「通」

在企業管理中，溝通的目的就是消除上下級誤會、協調各部門之間的行動，因此溝通的關鍵在「通」，沒有「通」，管理者和員工之間說得再多也沒意義。溝通是發生在人與人之間的資訊交流，有著深刻的內涵和複雜的過程，管理者要想真正在團隊中如魚得水，建立良好的工作環境，就必須對溝通有一個全面認識。

溝通訓練專家杜拉克在《溝通藝術》一書中，明確指出了「身體語言發出的資訊也是溝通成功的關鍵因素」。因此，當你和員工溝通時，千萬要留意自己的身體語言。否則，就算你口頭已傳達了正確的資訊，也無法將自己所要傳達的資訊全部準確送出。身體語言有強化口語說服力的功能。懂得如何利用肢體的輔助，進一步表現你更真切的情意，將使你的溝通技巧更上一層樓。

溝通必須建立在思考的基礎之上，它包括兩個方面：「發送技巧」和「接受技巧」，即說寫與聽讀，以及非語言的溝通。在這個重視溝通的時代裡，一位好的管理者最需要磨練的溝通技巧是什麼呢？我們的答案是：善於用身體語言表達自我、洞悉對方。溝通也許是管理類書籍裡最常用的一個詞，但也是公司管理者們執行最差的行動。

管理者的任務是管好員工，但如何才能管好呢？靠權威嗎？靠命令嗎？顯然都不是，唯有在溝通的基礎上與員工達成默契，才能讓員工接受你的想法、你的安排。對於管理者來說，有效的與員工進行溝通是非常關鍵的工作。任用、激勵、授權等多項重要工作的順利展開，無不有賴於上下溝通順暢。良好的溝通還是管理者與員工之間感情聯絡的有效途徑，溝通得好與壞，直接影響著員工的使命感和積極性，同樣也直接影響著企業的經濟效益。只有保持溝通的順暢，企業的管理者才能及時聽取員工的意見，並及時解決上下層之間的矛盾，增強企業的凝聚力。

麥當勞的管理者意識到上下溝通的好與壞直接影響公司的經濟效益。雖然麥當勞的「利益驅動」有著很大的刺激作用，但麥當勞內部最大的團結力完全不在於以金錢為後盾，而在於所有員工對麥當勞的忠誠度和對速食事業的使命感。忠誠度和使命感的來源則是麥當勞幾代高層主管體恤下情、與員工同甘苦的管理品質和管理素養，以及他們那難以抵擋的個人魅力。他們透過頻繁的走動管理，既獲得了豐富的管理資料，又與數百人形成了朋友關係，達到了很好的溝通效果。

麥當勞在克羅克退休以後，事業迅速壯大，員工數量也越來越多，企業高層忙於決策管理，一定程度上忽視了上下的溝通，使美國麥當勞公司內部的勞資關係越來越緊張，以致爆發了勞工遊行示威，抗議薪資太低。示威活動對麥當勞公司的高級管理者們構成了巨大的衝擊，令他們重新認識到加強上下溝通、提高員工使命感和積極性的重要性。針對員工中不斷增長的不滿情緒，麥當勞公司經過研討形成了一整套緩解壓力的「溝通」和「鼓舞士氣」的制度。麥當勞認為與服務員的溝通是極其重要的，它可以緩和管理者與被管理者之間的衝突，提高工作人員的積極性。而如果忽視了與員工的溝通——不管出於什麼理由——就會阻礙企業命脈的暢通，使企業不知不覺陷入麻痺，進而失去許多機能。

麥當勞老闆任命漢堡大學的寇格博士解決溝通的理論問題，擅長公共關係的凱尼爾則為公司解決實際操作問題。他們很快就有了成果。凱尼爾請庫克及其助手古恩設計的「員工意見發表會」變成了麥當勞的「臨時座談會」制度。這種形式在解決同員工的溝通問題上起到了非常重要的作用。座談會的目的是為了增強與員工的感情聯絡。會議不拘形式，以自由討論為主，雖以業務專案為主要討論內容，但也鼓勵員工暢所欲言甚至傾吐心中不快。計時工作人員可以利用這個機會指責他們的任何上司，把心中的不滿、意見和希望表達出來。所有服務員都抱著很高的積極性參加座談會。實際證明，這種溝通方法比一對一的交流更加有效。

為了加強服務員之間的交流，除了面談以外，麥當勞還推行一種「傳字條」的方法。麥當勞餐館備有各式各樣的聯絡簿，例如服務員聯絡簿、接待員聯絡簿、訓練員聯絡簿等，讓員工隨時在上面記載重要的事情，以便相互提醒注意。

麥當勞公司的做法成功的緩和了勞資衝突和對立。管理者從中領悟出了一個道理，使用員警不是解決勞資衝突的好辦法，這不但會損害麥當勞的形象，還會使矛盾越加惡化，甚至動搖麥當勞帝國大廈的根基。

溝通要「通」不是一件簡單的事情。很多人都忽略了溝通的複雜性，也不肯承認自己缺乏這項重要的能力。在你成為一個更成功的溝通者之前，你首先應該認知到：雖然溝通看起來很容易，但是有效的溝通卻是一項非常困難和複雜的行動。最近的研究發現，一般人認為的「溝通」的定義，竟然有兩千六百種之多，真正是包羅萬象。實質上，溝通的實質遠遠超過簡單資料的傳遞。

一項研究顯示，人們多半要花上百分之八十的時間在說話、傾聽、閱讀或書面表達等意見溝通行為上。但這只是口頭溝通和書面溝通而已！而其他的溝通，例如舉止眼神、手勢、臉部表情等，也算得上是一種意見溝通的方法，我們稱之為「無聲的溝通」。改進有聲語言和書面溝通的能力固然重要，但是，公司老闆在溝通上面臨的最大挑戰，不是在於如何說得更好，而在於如何在互動過程中，真正抓住對方內心的真意。如果你想成為一位優秀管理者的話，你現在最需要學習的就是如何解讀身體語言、掌握身體語言，以及活用身體語言，而非說話技巧。簡單的說，一旦你懂得解讀身體語言，你就會在溝通時驚奇的發現：「喔！原來你的真正想法是……」「啊！原來他擔憂的不是這個，而是關心……」於是你就能夠洞悉對方真正的想法，做好溝通工作。有證據顯示：人類平均一天只說十一分鐘的話，其餘百分之九十九的時間都在和他人進行身體語言的「無聲的溝通」。

總之，溝通要求人們在重視口語表示之外，更要懂得用身體語言去溝通的技巧。「要達到上乘交際溝通，除了要具備說話的技巧之外，眼神、個性、人緣，『你夠不夠坦誠』也是基本的要素。」當然，一位優秀的管理者會在溝通時，相當注意對方的眼神、手勢，洞悉他們的神態與動作。透過仔細的觀察，解析對方心中的真實想法，如果做不到的話，很難達到真正的溝通效果。

豎起耳朵比張開嘴巴更有用

伏爾泰說：「通往內心深處的路是耳朵。」傾聽有時可作為一種武器，傳達、顯示自身的觀點、想法、地位和修養等。進而激發員工的信服之心，使他更努力的為你效勞。

一天，幾個人怒氣衝衝的闖進美國總統麥金萊的辦公室，抗議他不久前出台的一項政策。為首的一個議員，脾氣不佳，甚至用難聽的話罵總統。而麥金萊一直表現平靜，靜靜傾聽。等這些人都說得精疲力竭了，他才溫和的問：「現在你們覺得好些了嗎？」那些人立刻臉紅了，尤其是為首的議員，覺得自己好像小丑一樣。接著，總統解釋了自己為什麼要做那項決定，而且為什麼不能更改。這位議員雖然沒完全聽懂，但他心理上已經完全被說服了。他回去後，告訴他的同伴說：「夥計們，我忘了總統說的是些什麼了，不過我打賭他肯定是對的。」就這樣，麥金萊總統憑著禮貌的傾聽和沉默，在心理上戰勝了原本不可一世的議員，也為自己贏得了良好的口碑。

在溝通的過程中，管理者不僅要用耳朵去聽，還要用眼睛去聽、用心去聽。也就是說，不僅要聽到說話的內容，而且要留意說話者的表情、動作，同時要用心去理解所聽到的內容。

如果一個管理者不能認真聆聽員工的話，一心只想著自己如何才能說出更好的言辭，或自己該說什麼才能給對方留下好印象等，將會破壞和員工之間原本良好的關係，反而不利於員工潛能的發揮。所以，管理者在與員工溝通時，不妨先暫時閉上嘴巴，豎起耳朵認真聆聽吧！

但是，許多管理者卻常常犯這種溝通錯誤——不願傾聽。實際上，員工對企業有不滿情緒基本上就是溝通問題，也就是說，百分之八十的管理問題實際上就是由於溝通不暢所致。因此，不會傾聽的管理者自然無法與員工進行暢通的溝通，進而影響了員工的積極性。

第三章 學會扮演一名傾聽者

豎起耳朵比張開嘴巴更有用

魏書恆從商店買了一套衣服，但不久他發現：衣服褪色，把他的襯衫的領子染色了。他失望極了！於是，他拿著這件衣服來到商店，找到賣這件衣服的售貨員，想說說事情的經過。但沒想到，售貨員總是打斷他的話：「我們賣了幾千套這樣的衣服，您是第一個找上門來抱怨衣服品質不好的人。」售貨員生氣的說，語氣聽起來似乎在說魏書恆誣賴他們。吵得最凶時，第二個售貨員走了過來說：「所有深色禮服開始穿時都會褪色，一點辦法都沒有，特別是這種價錢的衣服。」

魏書恆生氣極了，他在後來敘述這件事時強調：「第一個售貨員懷疑我是否誠實。第二個售貨員說我買的是二等品。我準備對他們說：『你們把這件衣服收下，隨便扔到什麼地方，見鬼去吧。』正在這時，這個部門的負責人出來了。他很內行。他的做法改變了我的情緒。他是怎樣做的呢？首先，他一句話沒講，很安靜的聽我把話講完。其次，等我把話講完後，那兩個售貨員又開始陳述他們的觀點時，他開始反駁他們，並幫我說話。他不僅指出了我的領子確實是因衣服褪色而弄髒的，而且還強調說商店不應當出售使顧客不滿意的商品。後來，他承認他不知道這套衣服為什麼出問題，『您想怎麼處理？我一定遵照您說的辦。』他直接對我說。幾分鐘前我還準備把這件可惡的衣服扔給他們，可現在我回答說：『我想聽聽您的意見。我想知道，這套衣服以後還會不會再染髒領子，能否再想點什麼別的辦法。』他建議我再穿一個星期，『如果還不能使您滿意，您把它拿來，我們想辦法解決。請原諒，給您添了這些麻煩！』他說。」

「我滿意的離開了商店，七天後，衣服不再褪色了。我完全相信這家商店了。」

做管理者的你是否能從中領悟出一些什麼呢？每一個經受過困難的人都需要別人聽他講話；每一個被激怒的顧客，每一個不滿意的員工或受委屈的朋友都需要善於聽他講話的人。如果你想成為好的管理者，首先應做一個善於傾聽員工講話的人。那麼管理者應如何將傾聽當成一種責任呢？

員工在訴說自己的想法時，可能會有一些看法與公司的利益相違背。這時不要急於與員工爭論，而應該認真的分析他的這些看法是如何得來的，是不是其他員工也有類似的看法？為了更好的了解這些情況，管理者不妨設身處地的站在員工的角度，為員工著想，這樣做可能會發現一些自己以前沒有注意到的問題。

管理者在傾聽員工談話時首先要弄明白他們成功談話的祕密到底在哪裡？著名學者查理·艾略特說：「一點祕密也沒有——專心致志的聽人講話是最重要的。什麼也比不上注意聽——對談話人的恭維。」想說些什麼，是給公司提建議，或是對某人有意見，還是對待遇不滿。這就要求管理者在傾聽時，不但要經過耳朵，也要經過大腦，聽出言外之意。而且，由於每個員工的性格不同，在表達自己的觀點時採取的方式也不盡相同。比如：性格較內向的員工，在表述一些敏感的問題時可能會更加隱晦。如果你只聽表面意思，而不去用大腦分析，那就得不到真實的判斷。這需要管理者在平時多與員工接觸，鼓勵員工把自己想說的說出來，這些對激勵員工很有幫助。

管理者在員工的訴說結束前，不要輕易發表自己的意見。由於你可能還沒有完全理解員工的談話，這種情況下妄下結論勢必會影響員工的情緒，甚至會對你產生抱怨。管理者在發表自己的意見時，要非常謹慎。特別是在涉及一些敏感的事件時，尤其要保持冷靜，埋怨和牢騷絕不能出自管理者之口。對員工而言，管理者的言論代表著公司的觀點，所以必須對自己說出的每一句話負責。

優秀的管理者並不是靠職權、關係，而是來自溝通的技巧，用「傾聽」來找到溝通的方法，並把傾聽員工心聲和理解員工的想法當成自己的責任。這樣不僅能讓自己成為員工心目中的優秀管理者，還能使員工自願釋放出自己的潛能。

站在對方的角度去傾聽

假設你正出席一個晚宴。餐桌上人聲鼎沸：有的在談論奇聞軼事，有的在不斷的抱怨，有的在吹噓自己的身分地位……每個人都熱衷於向員工講述自己的故事。突然間，你會有種感覺，沒有人真正的在聽員工說話。隨著談話的深入，你還會發現大家的眼神開始游離，彼此似乎早已心照不宣，「如果你做我的聽眾，我就做你的聽眾。」晚會也許舉辦得很成功，但各自回家以後，你才發現對他人依然一無所知。

管理者在與員工的溝通中，傾聽是一項非常重要的技能。如果你是一位善於傾聽的人，會發現員工自然而然的被你吸引。你的員工會更加信賴你，你們的和諧關係也會進一步加深。當然，因為你的傾聽和理解，員工與你溝通也變得不那麼困難了。當你認真傾聽員工講話的時候，會知道他們想要的是什麼、什麼會傷害或激怒他們。你會很容易融入員工群體，因為人人都喜歡你並願意跟你在一起。

某管理者說：「用意見箱與員工溝通，這種做法太不近人情。因為提意見的人從來不知道他提的建議是否真的被主管看過了還是被當作垃圾扔掉了。現在，我的辦公室的門整天都敞開著，任何一位員工只要感覺有可建議的事情就可隨時進來交流、溝通。如果他的建議內容比較複雜，需要一些圖示或者詳細描述，無論需要什麼樣的說明，我們辦公室的工作人員都會向他提供。當我們一開始推行這個辦法的時候，確實收到不少各種各樣的建議，其中有用者微乎其微，但我們沒有灰心或者放棄。現在，如果有人進辦公室來提新的建議，就很少有沒有實用價值的了。」

就這樣，不僅每項措施都能深得人心，而且還大大提高了員工的積極性。一扇敞開著的門，拉進了管理者與員工之間的關係，使溝通無障礙。企業中各個部門和各個職務是相互依存的，依存性越大，對協調的需要越高，而協調只有透過溝通才能實現。

白居易說：「感人心者，莫先於情」；某位名人也說：「如果你想贏得人心，首先讓他相信你是最真誠的朋友。」溝通可使領導者了解員工的需要，關心員工的疾苦，在決策中考慮到員工的要求，以提高他們的工作熱情。人們一般都會要求對自己的工作能力有一個恰當的評價。如果主管的表揚、認可或者滿意能夠透過各種管道及時傳遞給員工，就會形成某種工作激勵。在競爭激烈的今天，一旦企業面臨危機，就會造成員工士氣的普遍低落，讓群體產生離心力，而此時如果進行大範圍的交流溝通，就能鼓舞員工的戰鬥精神，激發他們的信心和潛能，恢復員工的士氣。

就是說，只有與員工進行真誠的溝通，才能進入員工的內心，使溝通達到最佳的效果。當企業有重大措施，如企業轉型、經營策略重大調整、大專案的實施、新規章制度出台等，除商業祕密外，事先要盡可能的和更多的員工取得溝通，讓他們知情、參與，傾聽他們的意見，增強員工的參與感；如果事情突然，沒有來得及告訴員工，那麼也要在決策後，迅速的作出詳細的解釋說明，排除員工的疑慮，統一認識，激發員工的士氣。

企業在經營管理和處理日常事務中，員工與員工之間、上級與下級之間常常會產生一些摩擦、矛盾、衝突、誤解，這將影響到公司的氣氛、員工的士氣和組織的效率，使企業難以形成凝聚力，人為消極因素增大，甚至導致企業消亡。而這些問題的產生都是由於溝通不暢造成的。因此，為了協調企業內部的矛盾，管理者必須掌握「溝通」這個重要的管理技巧，這也是了解下屬的重要的途徑之一。

美國一家公司的總經理非常重視員工之間的相互溝通與交流，他曾有過一項重大的「創舉」——把公司餐廳裡四人用的小圓桌全部換成長方形的大長桌。這是由於用小圓桌時，總是四個互相熟悉的人坐在一起用餐。而大長桌則不同，可以讓一些彼此陌生的人就餐時有機會坐在一起，時間長了，他們之間就會開始相互閒談、交流。同時，管理層之間以及管理層與員工之間也能相互熟悉，如研究部的職員也能遇上來自其他部門的行銷人員或者是生產製造工程師。這樣，他們在相互接觸中，不僅可以互相交換意見，獲取各自所需的資訊，而且可以互相啟發，碰撞出思想的火花。不久後，公司的效益得到了大幅度的提升。

可見，有效的溝通能改善企業的經營狀況，還能使員工在溝通的過程中相互了解、相互學習，進而形成一種其樂融融的工作氛圍。

管理者的成功溝通是技巧，能夠站在對方的角度去傾聽更是一門藝術，也是了解員工的一種技巧和方式。傾聽時要調動自己的耳朵、眼睛和心靈，而且必須集中注意力。下面是一些傾聽的訓練方法：首先是傾聽時記筆記。做筆記有助於保持注意力，是訓練聽力的一個有效手段。記下重點並在結束時進行總結，這樣不僅表明你對他談話的重視，而且也可以記錄一些重要的問題，以防遺忘。如果你對員工作出了一些承諾，一定要及時兌現，暫時無法兌現的，要向員工說明無法兌現的原因以及替代的其他措施；其次是傾聽時注意力要集中。傾聽時要目視對方、集中精神，才能表達出你的尊重和富有興趣。看向別處、低頭不語或者做一些小動作，可能說明你對此次談話不屑或不感興趣，這會讓員工感到很尷尬；最後，管理者的傾聽姿態要自然。適當的傾聽姿態可以為傾聽加分，如果僵硬的只保持一種姿態，會讓員工覺得很僵硬、很尷尬，甚至草草結束談話。交談是一種互動，在聽的過程中應調動起一切姿態來給員工進行回饋，顯示你在認真傾聽他的談話，以便讓他更有興趣和動力講下去。

傾聽，有效溝通的關鍵

有效的言談溝通基本上取決於傾聽，作為管理者，成員的有效傾聽是保持團隊有效溝通和旺盛生命力的源泉，這種傾聽的行動會使管理者與員工之間更具有創造性和策略性的思考，同時傾聽也是解決矛盾與衝突的一種有效的方法。

傾聽對管理者至關重要。當員工明白自己談話的對象是一個傾聽者而不是一個等著作出判斷的管理者時，他們會不隱瞞的給出建議，分享想法。這樣，管理者和員工之間能創造性的解決問題，而不是互相推諉、指責。作為有效率的傾聽者，透過對員工或者他（她）所說的內容表示感興趣，不斷的創建一種積極、雙贏的過程。這種感情注入的傾聽方式能夠鼓勵員工坦誠交流，彼此相互尊重、理解，建立安全感，也幫助員工建立自信，反過來增強他們的自尊。

喬·吉拉德被譽為當今世界最偉大的推銷員。回憶往事時，他常念叨如下一則令他終身難忘的事。在一次推銷中，喬·吉拉德與客戶洽談順利，就在快簽約成交時，對方卻突然變了卦。當天晚上，按照顧客留下的地址，喬·吉拉德找上門去求教。客戶見他滿臉真誠，就實話實說：「你的失敗是由於你沒有自始至終聽我講話。就在我準備簽約前，我提到我的獨生子即將上大學，而且還提到他的運動成績和他將來的抱負。我是以他為榮的，但是你當時卻沒有任何反應，甚至還轉過頭去用手機和別人通電話，我一怒就改變主意了！」此番話重重提醒了喬·吉拉德，使他領悟到「聽」的重要性，讓他認識到如果不能自始至終傾聽對方講話的內容，了解並認同顧客的心理感受，就有可能會失去自己的顧客。

這個故事雖然被很多人在很多場合反覆提及，但最多只是用來印證「聽」的重要。傾聽者學會高層次的傾聽，可以在說話者的資訊中尋找感興趣的部分，這是獲取新的有用資訊的契機。高效率的傾聽者清楚自己的個人喜好和態度，能夠更好的避免對說話者作出武斷的評價或是受過激言語的影響。好的傾聽者不急於作出判斷，而是感同身受對方的情感。他們能夠設身處地的看待事物，詢問而不是辯解某個問題。

管理者在傾聽時，首先要保持環境的安靜，以便讓傾訴者的情緒平靜下來。盡量不要做其他的事干擾對方的訴說，如果你心不在焉，對方會很快對你失去信任。相反，自始至終保持心無旁騖的傾聽姿態，讓對方感受到你的信任、理解與支持，會有助於對方說出自己的問題，然後心平氣和的商量解決的方法。在傾聽時，通常使用「什麼」、「怎樣」、「為什麼」等詞語發問，這些開放性的提問能讓談話者對有關問題、事件作出較為詳盡的反應，會引出當事人對某些問題、思想、情感等的詳細說明。在使用開放性提問時，應重視把它建立在良好的溝通關係上，同時要注意問句的方式、語調，不能太生硬或隨意，只有當事人對傾聽者充滿信任，才會在提問時做更多的回答。

要成為一名優秀的管理者，用心傾聽員工的擔心、恐懼和觀點，是排在我們工作的首要位置的。而做到這一點很容易，只需要我們安靜傾聽就可以了。記住：不要裝得像個聖人似的「一本正經」的說話，哪怕我們不做任何事情，也要傾聽。在辦公室裡傾聽，在酒吧裡傾聽，在物流倉庫裡傾聽，在工作生產線裡傾聽，隨時隨地都學會傾聽。有相當一部分管理者自欺欺人的認為，下屬員工就要絕對聽從他們的意見。一些經理人經常會說這樣的話：「我說了這麼多了，你們覺得我的觀點怎麼樣？」這個時候，可能沒有幾個人願意回應他的問話。上帝之所以給我們兩隻耳朵一張嘴，就是要我們少說多聽。如果我們總是張著嘴說話，我們學到的東西肯定非常有限，了解到的真相也會少得可憐。

來肖華家取貨的是她的一個老客戶瑞雪。當瑞雪不停的對產品進行介紹，不停的說產品如何如何好、對什麼疾病的康復和治療有一定的輔助營養效果時，肖華毫不客氣的打斷了她的介紹。她說：「這些我都知道了，不然我也不會一直買這裡的產品。而且我是一個醫生，營養和療效我比你懂得要多！」

肖華輕輕的歎了一口氣，又繼續說道：「這些產品其實是買給我父親的，他現在得了癌症，住在醫院，我現在買了這麼多，還不知道他老人家能不能享用完。」這個時候瑞雪腦子裡想得更多的是如何多銷售產品，對肖華後面的話幾乎沒有留意到。她還是繼續她的介紹，介紹產品與醫院的藥品之間的區別，以及自己所屬保健公司的科研實力有多麼雄厚等等，同時又繼續推薦一些其他小產品。結果可想而知，瑞雪的推銷以失敗結束。

一位管理者要成功，很有必要先聽聽自己的職員都在說什麼，多聽聽他們的意見和建議，對你的管理工作相當有必要。為了提高工作效率，有些話是永遠不能說的，比如：「一直以來，我們都是這麼做的。」這句看似簡單、常用的話，其實沒有任何積極效果，而且還會與提高效率背道而馳。不要再跟你的下屬說這句話了，如果你想提高效率和績效的話。

傾聽的技巧

管理者的傾聽意味著向員工表明自己在聽他們說話。同時，積極傾聽也需要在員工和管理者之間創造一種共同的認知體系。管理者透過使用語言及非語言性的回應，來表明及創造這樣的認知體系。這種回應包括確認、附和、開誠布公以及與對方保持一致。

高效的傾聽者勤於實踐。他們認識到傾聽時需要運用很多技巧，必須不斷練習才能改進這些技巧。他們利用身邊的每一個機會實踐自己的傾聽技巧。傾聽者善於從對方的言辭中發掘雙方的共同愛好。他們把傾聽視為尋找資訊，或更好的了解發言者的機會。傾聽者時刻保持一種開放的心態。即便他們對發言者將要表達的意見持有相反的觀點，也不會大聲說出來。他們依然會認真的聽，不作任何評論的去理解對方的觀點。比如：美國聯邦快遞投訴部門的一位經理人，當她正忙於處理重要的工作，沒有時間傾聽客戶抱怨的時候，就會把錄音帶放在自己的辦公室門口。同時，他們也會注意調整自己的情緒，防止一些干擾性因素（比如發言者的措辭、表述或動作）使自己在瞬間情緒失控。他們試圖保持冷靜，維護雙方的關係。

高效的傾聽者不會分心。他們知道任何事物都會使發言者分心。他們試著剔除干擾性因素，比如電話或傳真機的鈴聲，一邊聽一邊做其他的事情，以及擺放辦公桌上的小物品等等。他們把所有的注意力都集中在發言者身上。他們要求其他人就自己剛才聽到的東西提供建設性的回饋。比如：微軟公司的一位經理人在忙碌的時候，只要看到有人走進自己的辦公室，就會馬上站起來。這一行為立刻向對方傳遞了一種信號：這位經理人現在沒有時間聽他/她說話。很多經理人都會設定時間限制，他們會說，自己只能抽出十分鐘的時間。如果十分鐘不夠的話，他們會建議對方改天再過來。如果條件允許，他們會使用錄影作為尋求回饋的另一種方式，把聽到的內容和傳達的形式區別開來。傾聽的要義之一就是了解發言者傳達的所有資訊，而不只是對方說了什麼。同時，也有必要把重點放在資訊本身上，把它與發言者的外表、著裝、口音以及職位區分開來。

高效的傾聽者能理解非語言性的資訊。他們不但能從發言者的言辭中捕捉到資訊，還能理解對方的聲音或語調變化、語速、臉部表情、肢體動作以及手勢背後隱藏的含義。傾聽者利用積極的傾聽幫助自己做決定。他們傾聽其他人的觀點、意見、知識與經驗。這些能幫助他們作出明智的決定。傾聽者了解「聽見」和「聽懂」的區別所在。任何生理條件正常的人都能聽見聲音，而高效的傾聽者會去積極的傾聽。他們能理解語言或非語言性的行為，分析其各自表達的意思，並且讓發言者知道聽眾明白他們在說什麼。

在每次傾聽時都有一個明確的目的。他們試圖在每一次傾聽過程中達到某一個目的。目標可以是尋找事實，或理解，或指導，或成為一名「欣賞式傾聽者」或「設身處地式傾聽者」。傾聽者知道，與其假裝在聽，還不如承認自己對此不感興趣，或沒有時間。最好的傾聽者會讓對方知道，此時此刻自己還沒準備好。如果可以的話，他們會與對方約定另一個時間，屆時他們就可以全神貫注的聽對方發言了。他們有可能有緊急的工作要處理，或正在承受很大的壓力，或正在做一項很重要的工作。很多天才型的經理人都有自己的方法，能「巧妙的」暗示對方自己暫時沒有時間聽他們說話。

有些管理者改變自己的辦公桌椅擺放的角度，這樣他們就不會臉衝著辦公室的門了。很多研究顯示，當管理者及他們的座位面向辦公室的入口時，來訪者的數量會增多。只要把辦公桌傾斜四十五度，當有人經過門口，往裡瞧（或許他們已經上千次的路過這裡，但依然會往裡瞧）時，管理者的視線不會與之相交。四目相對會鼓勵或迫使人們說點什麼。

高效率的管理者不會裝出在聽的樣子，因為最終發言者還是會知道自己沒有被積極的傾聽。顯然，在很多時候、很多場合，我們必須假裝在聽，因為我們不想傷害別人的感情，或告訴對方我們對其發言並不感興趣，或沒有時間去聽。有時，即便是最好的傾聽者也會在老闆、顧客面前裝出在聽的樣子。心理學家告訴我們，絕對不能在我們的孩子面前這樣做。這倒真是一大挑戰。在這種情況下，最好的傾聽者會用上自己所有的傾聽技巧，用不了多久，他們就不用再裝模作樣了，因為他們已經成為積極的傾聽者了。

成為積極的傾聽者

人們一直有個誤解，認為只要耳朵能聽得見，就自然而然的具備聆聽技能，其實則不然，聽得見與聽得懂完全是兩回事。

在某期電視台節目中，主持向嘉賓——諾基亞 CEO 奧利拉提問：成為 CEO 什麼能力最重要？奧利拉相當乾脆的回答：「溝通和管理人的能力。」時隔一週，節目又邀請到了當時愛立信的 CEO 柯德川，主持人向其提出了同一問題，出人意料的是，柯德川的回答與奧利拉驚人的一致，還是溝通。於是，主持人不禁笑問，他是否與奧利拉串通好了作答。

在溝通過程中，聆聽是準確接受和理解資訊發送者意圖的關鍵步驟。每個人的表達方式和溝通內容，受其文化背景、知識結構、能力、經驗等因素影響，尤其當溝通對方來自不同文化背景，採用的語言又不是母語時，更容易出現誤解。所以，只有清楚的掌握對方的真實意圖，方能採取有效的和積極的反應，否則將不可避免的出現錯誤。

菲奧納在波士頓的一家百貨公司工作。最近有一次，她在老闆的辦公室裡和老闆討論公司商品的召回政策問題。討論到一半的時候，老闆接了一個電話，於是她讓菲奧納過一會兒再過來繼續這次討論。菲奧納按照老闆的吩咐這樣做了，她在二十分鐘以後來到老闆的辦公室。當菲奧納走進辦公室的時候，老闆卻發火了。她說：「我讓你馬上過來。你到哪裡去了？」菲奧納回答：「我想給您一點時間接電話，二十分鐘左右。」老闆大叫道：「你根本就不知道『一會兒』代表什麼意思，那是指五分鐘！」因為菲奧納和她的老闆對於「一會兒」有不同的理解，導致她們之間的溝通出現了問題。

很多管理者明白溝通和聆聽的重要，但在正規教育中幾乎沒有一門課是教學生們如何更有效的與他人溝通，更不用說教授如何聆聽。根據著名管理學者 Lyman Steil 的研究，在人們所使用的聽、說、讀、寫這些溝通技能裡，使用最頻繁的是「聽」，然而所接受訓練卻最少。可見聆聽重要而沒被重視是一個較為普遍的現象。因為人們一直有個誤解，認為只要耳朵能聽得見，就自然而然的具備聆聽技能，其實不然，聽得見與聽得懂完全是兩回事。

聆聽首先要專注，這樣方能排除溝通過程中的障礙，這些障礙可能是外部噪音，更多的是因為文化背景差異繼而影響正常溝通，如語言、價值觀不同等。聆聽過程中是否專注是一般的「聽」和「聆聽」的區別，沒有用心的聽是右耳進左耳出的聽。只有用心的去聽，方能清楚的聽見對方所說的資訊，這樣，才能正確的解碼對方要表達的意思。

我們時常會對對方的話產生偏見，有時，對溝通者也會產生偏見，進而導致一些具有自己價值觀的判斷。每個人都有這樣的思維傾向，喜歡聽自己喜歡的東西，將不喜歡的東西拒於千里之外。我們還通常用第一印象來判斷人，對於自己不喜歡的人，很難集中精神交談。在跨文化溝通中，由於溝通者之間文化背景的差異，我們更容易用自己的文化價值觀、習慣、行為規範等來判斷對方，可能因為對方的一句話或一個行動，失去了客觀接受資訊的態度。

遇到這樣的時候，我們就應該極力控制自己的情緒，保持冷靜的頭腦，調整自己的心態和思維，客觀的、積極的和主動的聽取對方的資訊。

派翠克在一位「抵制管理型經理人」手下工作。這位「抵制管理型經理人」總是不停的抱怨管理工作及企業的上層管理者。幾個月過去了，這些牢騷話就是派翠克在月度工作會議上聽到的全部內容。會議的目的本來是確保所有的工作走上正軌，可是派翠克的工作進展，以及他是否達成了任務指標，卻成為會議上微不足道的議題。一旦老闆開始發牢騷，派翠克發現自己很難成為一個積極的傾聽者。他認為老闆的個性是消極、苦惱的。即便老闆提到的事情與他的實際工作相關，他也往往沒聽到她在說什麼，因為他已經沒有在聽了。派翠克任由「另一個自己」把他帶到另一個地方去。

只要願意付出時間和精力，所有人都可以成為一個有效的傾聽者。在傾聽上出現問題，一個首要的原因就是重視不夠——大多數人都沒有意識到傾聽是一個過程，這個過程圍繞著明確的目的。

了解另外一方的意圖，並且使雙方的共同目標協調一致是傾聽者應該擔負的責任。換句話來說，在得到自己想要或者需要得到的資訊之前，你可能必須要閒談，進行一些並不重要的談話，不管在別人說話的時候你多麼想離開。

管理者們總是覺得自己沒有時間去閒聊，這實際上是一個大錯誤。即使是有選擇性的傾聽也是一個問題：有些人在自己感興趣的問題上聽得認真，而對另外一些問題則什麼都聽不進去。

Steil 說：「在技術世界中，很多人所抱有的錯誤觀點都對他們十分不利。」管理者們要關心他人的情感和干擾因素，這是非常重要的。情感要素通常包括人物、話題和語言等。如果你很討厭的一個政客在 CNN 上發表關於伊拉克戰爭的評論，你可能根本就聽不進去，因為你對他的厭惡情緒已經超越了他的評論本身，而實際上他的評論又可能確有價值。反之亦然。你可能平時很尊重某個政客，對他的態度是中立的，但是你也可能不喜歡他關於伊拉克戰爭的評論。不管是這兩種情況中的哪一種，你的第一反應都會是排斥和拒絕。

傾聽者必須能夠拋開各種感情因素，了解這些因素會對自己的傾聽能力造成的負面影響。而各種會分散傾聽注意力的干擾因素也應該盡量排除，比如說房間內的雜訊，辦公室裡不停的有人進進出出，電子郵件突然在電腦螢幕上出現，或者某人身體或精神上的不適等。

Steil 說：「好的傾聽者能夠對各種干擾因素作出判斷，並且盡可能的排除干擾。如果有什麼問題沒有聽清楚，好的傾聽者會花時間去弄明白」。

對於一位管理者來說，成為一名出色的傾聽者的主要目的是，說明團隊成員更好的成長。當你的下屬員工感覺到，並相信你在認真的傾聽他們的想法時，這將極大的幫助他們改善績效表現，呈現出「不斷提升」與「自動自發」的狀態。他們一定可以承擔更多的工作，這樣經理人就能把更多的時間與精力放在管理與領導工作上。

養成良好的傾聽習慣

傾聽並不僅僅是被動的聽取員工所說的話，還要積極主動的傾聽員工所講的事情，及時捕捉全面、準確的資訊，掌握員工當前和未來的各種需要。只有掌握了真正的事實，才能解決問題，不斷促進員工工作能力的提高，努力實現員工滿意的目標。

珍妮佛是一家硬碟製造公司的新任銷售經理。她要做出一個艱難的決定，必須在手下的四個銷售人員裡選擇一個派往國外，參加一次為期兩個月的商務考察。這四名銷售人員的績效水準都達到了要求，因此這的確是一個萬分棘手的決定。

但珍妮佛可以說立刻就把喬恩從候選者中排除了出去。因為在一開始他們針對這次外派任務的談話中，喬恩告訴珍妮佛，他和他的妻子已經為他即將開展的新工作作好了充分的準備，等喬恩到了國外以後，兩口子就要調整各自帶孩子的時間了，因為喬恩的妻子白天休息，晚上工作。珍妮佛認為，有小孩的人不能，也不應該離開家庭太長的時間，因此她立刻在心裡作出了決定，而沒有繼續傾聽喬恩接下來的話。就這樣，珍妮佛沒有聽到喬恩在國外那個地方擁有相關的工作經驗，也不知道他能說當地的語言。珍妮佛本人對於家庭生活和商務旅行的價值觀，成為阻礙她有效傾聽的一大障礙。

喬恩可以說是接受這項外派工作的最佳人選。如果珍妮佛做出了錯誤的決定，她的決定有可能傷害到喬恩的事業發展。他或許會被視為排斥外派工作的人，而珍妮佛，因為她自己深信不疑的價值觀，她可能也會把喬恩從需要長途旅行或加班工作的其他專案中排除出去。

不會傾聽是很危險的事情！你可能因此錯過一些重要的資訊而且意識不到麻煩就要出現了。當你試著理解員工為什麼這樣做時，只能透過揣測對方的心思來彌補你在聆聽技巧上的欠缺。認真的傾聽是一種承諾和肯定。承諾他人你能理解他們的感受和想法。也就是說要放下自己的偏見和信念、自己的追求和興趣，只有這樣才能真正走進員工的內心世界，從他的角度審視某件事情。傾聽也是一種肯定，讓對方知道「我很關心你正在經歷的事情，你的生活和經歷是很重要的」。人人都會喜歡這種充滿積極和肯定的聆聽。

但是，有些管理者卻在傾聽時揣測員工的心思。喜歡揣測員工心思的人不會很在意員工說話的內容。事實上，他們是不相信對方說話的內容。他們總是在努力的揣測員工真實的想法和感受：「她雖然說她想去看演出，其實她很累了，如果我非要她去，她肯定會很煩的。」揣測者會把更多的注意力放在對方說話的語氣、音調以及一些微妙的暗示上，以此來揣測對方的真實意圖。如果你是一個揣測者，就會對員工的反應有先入為主的看法：「我猜想他嫌我皮膚不好看」、「她覺得我很傻」、「她不喜歡我主動」。這些猜測和想法都來源於直覺、預感和模糊的暗示，和對方真正在說什麼沒有太大的關係。

有些管理者只聽自己想聽的。當他試圖過濾資訊的時候，就會有選擇性的去聽。這時候他就會把精力放在對方是否生氣或者他們之間會不會暴發衝突上。一旦這些資訊得到確認，這段談話對他來講就沒有意義了，他的思想開始游離。比如：是母親的話會在想自己的兒子有沒有在學校打架，除此之外，也會思索自己要去超市買哪些東西了。如果是一位年輕男子通常會迅速判斷女友的情緒，如果她說到自己今天的事情時很快樂，他就會開始想別的事情。對談話有過濾行為的另一種表現是刻意迴避聽到某些事情——特別是那些有威脅性的、消極的、批判性的、令人不快的資訊，就好像從來沒聽到過這些話一樣，沒什麼印象。

還有的管理者是帶著偏見去傾聽的。負面印象的影響是巨大的，如果他認定某個人很笨、沒有能力，就不太會關心這個人說話的內容——因為他早已經給這個人下了定論。對於某種言論，如果他很快認定它是激進的、不合理的，就不想再聽下去了。真正的傾聽卻要求我們只有在聽完全部內容以後才能做出評價。

有一些管理者的注意力很難集中在當下的談話上。聽員工講話三心二意，對方的一句話就勾起了他的一系列聯想。比如：鄰居說她最近被炒魷魚了，讓他想起自己當年在休息空檔的時候玩紙牌被開除的場景，直到鄰居說「我知道你能理解，但不要把剛才的話告訴我老公啊」時，他的思緒才能回到談話上。當談話的內容很枯燥時，精力更容易分散。每個人都會出現不專注的情況，有時候要相當的努力才能保持精力集中。不過，如果某些人說話時你總是容易不專注，就表明你可能不太願意去了解或者不喜歡他們，至少，你覺得他們的話對你來講沒有太大的意義。

還有的管理者輕易否定員工的觀點。與員工爭論是影響聽的又一個障礙。如果管理者輕易就否定員工的觀點，會讓人覺得他並沒有用心去聽。這樣與員工談話，大部分注意力都在尋找與對方觀點不一致的地方，同時，對自己的立場和信念又十分堅定，很容易起衝突。避免與員工爭論的方法是重複、確認聽到的，從中找到可以認同的地方。有一種典型的爭論類型是貶低對方。透過一些尖酸刻薄的話否定他人的觀點。

比如：海倫在跟亞瑟說生物課上遇到的問題，亞瑟說：「你乾脆就別選修這門課了。」湯姆覺得電視的聲音太吵了，當他跟瑞貝卡說的時候，瑞貝卡叫起來：「天哪，你怎麼又開始嘮叨這個了。」在婚姻中，貶低對方是一種典型的傾聽障礙。它會使交流很快演變成兩個人之間的惡意攻擊。

爭論的另一種類型是輕描淡寫，那些假謙虛的人往往會這樣。「我什麼都沒做啊。」「你指的什麼？我完全不知情啊。」「謝謝你的肯定，但這只是一次微不足道的嘗試。」一般來說，在受到讚揚時輕描淡寫的人會把自己的位置放低，但這會讓誇獎他的人很不愉快，對方會認為他並沒有真正的傾聽他們的讚揚。

在與員工溝通過程中，管理者以上的傾聽習慣大大妨礙了成功溝通的效果。你會想，自己身上有沒有呢？確認之後，就可以開始分析這些模式阻礙了你與哪些人的交流，還可以知道與不同的人交流會引發哪些不同的反應模式。

接下來的練習中，你將能檢查出自己針對不同人群，在哪種情形下使用哪些模式以及使用的頻率。在確定了自己的反應模式後，練習會說明你做出適當的改變，使你在日後成為一個更加出色的傾聽者。

積極的參與聽並不等於閉著嘴一直坐著，這和機器人沒有兩樣。傾聽是一個需要參與的積極的過程。為了充分理解交流的意義，需要你提一些問題。這樣，在對話過程中，所說的會得到充分的肯定和鼓勵。不能被動的去接受，而應該充當交流過程中的主動參與者。解述是你把對別人所說的話的理解轉化為自己的語言。這對於更好的去聽是非常必要的。它能讓你始終積極的去理解對方所說的，而不是排斥。可以多用以下的一些引導語來進行解述：「你說的是……」「換個說法……」「基本上你覺得是……」「按我的理解，你的意思是……」「剛才咱們說的是……」「你指的是……」你要隨時準備解述對方說的任何一句對你重要的話。

用這種方法，你能得到以下好處：大家會非常感謝你真誠的傾聽；能夠阻止不斷升級的怒氣，化解危機；能消除誤解，一些錯誤的假設、過失和誤會都會當場化解；幫助你記住說過的話。當你進行解述時，很難再去比較、判斷、演練、爭論、建議、不專注、幻想等。實際上，解述是針對大多數傾聽障礙的一種矯正方法。

做高層次傾聽者

傑克．威爾許向公司員工發表演說時指出：「我們已經透過學習明白了『溝通』的本質。它不像這場演講或錄音談話，它也不是一種報紙。真正的溝通是一種態度、一種環境，是所有流程的相互作用。它需要無數的直接溝通。它需要更多的傾聽而不是侃侃而談。它是一種持續的互動過程，目的在於創造共識。」

對這位通用的前總裁來說，個人的溝通有時遠遠超過程式化的溝通所能達到的效果。管理者和員工一段隨意的或短暫的對話遠比在企業內部刊物上刊登大段文章來得更有價值，管理者應知曉「意外」兩字的價值。對一個公司來說，非正式溝通意味著打破發布命令的鍊條，促進不同層級之間的交流；改革付酬的方法；讓員工們覺得他們是在為一個幾乎人人都相知甚深的老闆工作，而不是一個龐大的公司。而且，非正式溝通的優點在於：不拘形式，直接明瞭，速度很快，容易及時了解到正式溝通難以提供的「內幕新聞」。缺點表現在：難以控制，傳遞的資訊不確切，易於失真、曲解，而且，它還可能導致小集團、小圈子的形成，影響人心穩定和團體的凝聚力。

只要是人就無法避免交流。即使不說話，也會傳遞你的感受和態度。你臉上的微笑表示「我很快樂」；緊鎖的眉頭和交叉的雙臂說明「我很生氣」；弄出聲響的手指和突然的一聲歎氣則說明「我很煩，離我遠一點」；甚至，當你沉默不語、面無表情時，你那種封閉的姿態和不想說話的樣子都能說明你此時的感受是「我不想說話，讓我靜一靜」。非語言的交流主要有兩種方法：一種是透過身體動作（臉部表情、手勢和姿態等）；另一種是透過空間上的關係，比如你和他人保持的距離。

了解肢體語言是非常重要的。首先，對一條資訊的影響有百分之五十來自肢體動作。重視肢體語言的另外一個原因是它比口頭交流更可信。舉個例子，你問母親：「你怎麼了。」她聳聳肩，皺了皺眉頭，然後轉過臉去，小聲說：「哦，沒事，我挺好的。」這時你肯定不會相信她的話，你只會相信她沮喪的肢體語言，並且想弄清是什麼讓她如此煩惱、不開心。

非語言交流的關鍵是一致性。非語言資訊一般是由一組意思相近的表情、動作或姿態等來傳達，而這也與相應的口頭語言的意思一致。當然，心口不一的現象時有發生。在上例中，你的母親聳肩、皺眉、轉臉背向你的一些動作就展現了一致性，它們都表達出「我很沮喪」或者「我很煩惱」的意思。但是，這些肢體的暗示和她所說的內容卻並不一致。如果你是一個敏感的聽者，就可能意識到這種不一致，肯定會繼續追問，追根究柢。

另外一種情況是在一些動作中缺乏一致性。比如：一位推銷員站得離你很近，微笑著跟你握手，卻不看你的眼睛。這種相互矛盾的行為通常說明對方產生了矛盾心理或者隱瞞了某些資訊。也許在跟你說話時，這位推銷員不希望你問她關於產品保證書的一些問題。了解非語言資訊的不一致性能讓你變成善於高效溝通的人。舉個例子，你提出了一個提高員工士氣的好主意，可開會前你退縮了——擔心這樣做會得罪人。你無精打采的坐在椅子上，緊抱雙臂，沮喪的閉著眼睛，嘴上或許會說「我有個好主意」，身體卻在說「別理我」。當你開始留意自己非語言的表達形式時，會發現你的身體能傳遞很多無意識的感受和態度。比如：在某個陌生的社交場所中，你發覺自己緊抱雙臂，手指緊緊的握在肱二頭肌上。你意識到自己很緊張，對人有防備心。但是，因為你對自己內心狀態關心的增加，會透過一些動作來降低緊張感，而不會像以前那樣一直都那麼緊張。

你還會發現某個手勢或者表情不同的情境下會有不同的意思。當你看到一輛大貨車撞到你停在停車場的車子車尾時，你會捂起嘴表示驚恐。而你也可能會在一個無聊冗長的報告中做相同的動作來表達你的厭煩情緒。或者，當你對員警說「不，警官，我沒有超速行駛」時，也會使用相同的動作，它反映了你的一種不確定的情緒。有時候，一些情景對別人來說是很難判斷和確定的。比如：你從家出來向車走去，突然捂起嘴快步的跑回家。這個過程的前因後果只有你自己知道：可能是忘了拿鑰匙也可能是瓦斯爐的火還開著。

因此，管理者在使用非正式溝通時一定要能放就收，控制好整個溝通的過程。非正式溝通之所以越來越受到青睞甚至不可或缺，就在於它能讓溝通雙方具有對等的位置、寬鬆的環境、無拘無束的感覺，能讓雙方的情感距離和心理位差最小化，能讓理念、思想、智慧充分展現，能使溝通真正成為「情」的昇華、「力」的聚集和「心」的連結。

現在，各種形式的非正式溝通在管理中廣泛應用。例如：英特爾公司有開放式溝通，管理層透過網路聊天，與員工進行「一對一」面談，並由員工決定談話內容；摩托羅拉總裁和各級經理透過「每週一信」，就經營活動和內部事務與員工溝通，徵求意見、建議；三菱重工從總裁到各級管理人員以至普通員工，則借助別開生面的「週六例會」，以週末聚會為由頭進行溝通……古巴前總統有段溝通名言：「如果我能知道他表達了什麼，如果我能知道他表達的動機是什麼，如果我能知道他表達了以後的感受如何，那麼我就敢信心十足的斷言，我已經充分了解了他，並能夠有足夠的力量影響並改變他。」

目前，管理者與員工的溝通已不僅限於辦公室、會議室內的正式溝通，手法也不僅限於「你問我答」式的座談、訪談。因為這些方式的訪談，常會帶有「居高臨下」的態勢，讓員工心有所慮、口有所忌，事情說不深、問題談不透，以至於溝通效果大打折扣。所以，一個成功的經營管理者應當樂意溝通、學會溝通，善用非正式溝通手段。不妨像傑克．威爾許那樣，打打電話、寫寫便條紙，使自己成為非正式溝通的高手。

第四章　絕不做輕諾寡信的管理者

有些管理者經常濫開根本不可能兌現或無意兌現的「空頭支票」。這使員工產生這樣的意識：那些特別願意拍胸脯的人往往是不可靠的人，也就是不能被信任的人。結果必然使員工喪失對他的信任。

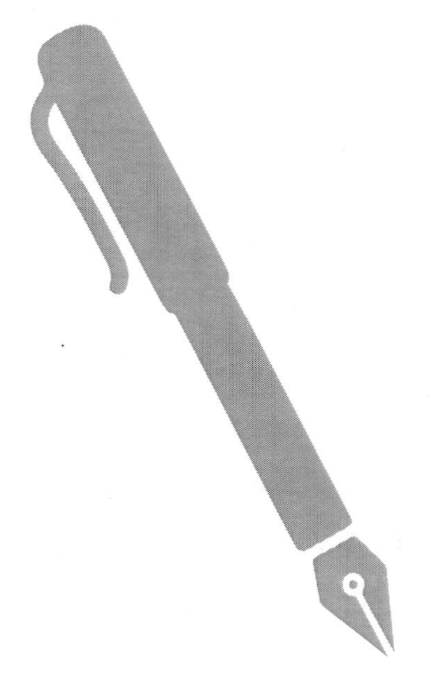

一是一，二是二

正直而又誠信的管理者，就是敢做敢當的管理者，就要一是一二是二，能夠做的就盡快做；不違反政策法令的就創造條件做；不能做的就堅決不能做；出格的事哪怕上級也不能做；能做的事哪怕群眾也堅決做；辦不到的事就明說明講人家也會諒解。

皇甫績是隋朝有名的大臣。他三歲的時候父親就去世了，母親一個人難以維持家裡的生活，就帶著他回到娘家住。外公見皇甫績聰明伶俐，又沒了父親，怪可憐的，因此格外疼愛他。外公叫韋孝寬，韋家是當地有名的大戶人家，家裡很富裕。由於家裡上學的孩子多，外公就請了個教書先生，辦了個自家學堂，當時叫私塾。皇甫績和表兄弟們都在自家的學堂裡上學。外公是個很嚴厲的長輩，尤其是對他的孫輩們，更是嚴加管教。私塾開學的時候就立下規矩，誰要是無故不完成作業，就按照家法重打二十大板。

有一天，上午上完課後，皇甫績和他的幾個表兄躲在一個已經廢棄的小屋子裡下棋。一貪玩，不知不覺就到了下午上課的時間。大家都忘記做上午留的作業。第二天，這件事被外公知道了，他把幾個孫子叫到書房裡，狠狠的訓斥了一頓。然後按照規矩，每人重打二十大板。外公看皇甫績年齡最小，平時又很乖巧，再加上沒有爸爸，不忍心打他。於是，就把他叫到一邊，慈祥的對他說：「你還小，這次我就不罰你了。不過，以後不能再犯這樣的錯誤。不做功課，不學好本領，將來怎麼能成大事？」皇甫績和表兄們相處得很好，小哥哥們都很愛護他。看到小皇甫績沒有被罰，心裡都很高興。可是，小皇甫績心裡很難過，他想：我和哥哥們犯了一樣的錯誤，耽誤了功課。外公沒有責罰我，這是心疼我。可是我自己不能放縱自己，應該也按照私塾的規矩，被重打二十大板。

於是，皇甫績就找到表兄們，求他們代外公責打自己二十大板。表兄們一聽，都噗哧一聲笑了出來。皇甫績一本正經的說：「這是私塾裡的規矩，我們都向外公保證過觸犯規矩甘願受罰，不然的話就不遵守諾言。你們都按規矩受罰了，我也不能例外。」表兄們都被皇甫績這種信守學堂的規矩，誠心改過的精神感動了。於是，就拿出戒尺打了皇甫績二十大板。

後來皇甫績在朝廷裡做了大官，但是這種從小養成的信守諾言、勇於承認錯誤的品德一直沒有丟，這使得他在文武百官中享有很高的聲望。

管理是嚴肅的、嚴謹的，任何錯誤都可能導致企業的重大損失。所以，管理者必須以事實為根基，腳踏實的，一是一，二是二。理論從事實而來，事實先於理論，事實優於理論，沒有事實就沒有管理。

某日，一女顧客來到某商場家電部，嫌買的電鍋太小，想換個大點的。家電部人員熱情的接待了顧客，開好了退換貨單據，並馬上通知服務台工作人員來辦手續。服務台小姐也在電話中禮貌的答覆：「明白，馬上就到！」顧客非常高興，一個勁的說：「你們商場的服務態度真是太好了，辦事效率也高，不愧是大商場！」

顧客等了十幾分鐘，服務台小姐還沒來，顧客稍稍露出不滿之意；二十幾分鐘又過去了，家電部人員用對講機催促服務台，那邊還是一樣答覆：「好的，好的，馬上就到。」這時家電服務人員向顧客解釋：「不好意思，因為服務台負責整個商場所有商品的退換貨，可能耽擱了時間，我再催催看。」顧客未吭聲。又過了半小時，服務台服務人員還未來，顧客大發雷霆：「你們老闆電話是多少？太不像話了！辦個手續要等這麼久？有這樣服務的嗎？好的，好的，光答應有屁用！你們這簡直是糊弄人！」工作人員正準備再解釋時，服務台小姐才姍姍而來。「馬上給我退貨，我不買了！」顧客生氣的退完貨，憤然離去，邊走嘴裡邊不斷的嘀咕：「以後再也不來這鬼地方買東西了。」

有的公司管理者以員工人人畏懼他作為沾沾自喜的資本，殊不知暗中已潛伏不少殺機。要使人信服你、尊敬你、愛戴你、擁護你、保護你，祕訣就是誠信。大多數員工總是希望遇到言行一致的管理者，一是一，二是二，說到做到。如果碰上這樣的管理者，員工對於自己的未來發展至少有信心。

巨人網路 CEO 史玉柱談如何帶隊伍時說：我覺得這是兩個方面，第一個首先你和團隊之間的這種心理距離，要保持距離，不要太遠，這個怎麼做的呢？你看地主老財，為什麼做不大？他老是把長工當傭人，你是不尊重他，只要你尊重他了，你遇到困難的時候他會幫助你，所以首先你要尊重他。

另外說到平時的言行上，一旦你有利益了，老闆獲得利益了，你一定要讓他們分享，不能太摳，否則沒人願意跟你。我覺得這方面，我們算合格。這次一上市，億萬富翁出了一批。第二，你平時要敢於放開，不要什麼權都自己抓著，甚至出張支票都要自己簽字報銷。我們公司不大只有十幾個人時，我就有這個習慣，什麼事喜歡放給別人去做。放給別人做以後比自己做好。劉偉我就研究過，有很多事，我放給劉偉做，然後我自己做。我發現她做得比我好，因為她做她有壓力，她做得不好上面有一個人會說三道四，我自己做就沒有這個壓力了。

為什麼企業文化很重要呢？因為管理一個公司，畢竟不能面面俱到，另外管理不管怎麼制度化，必然是會有漏洞的，別人如果想鑽漏洞，總是能鑽到的。所以，一個企業，全靠管理是不行的，必須要有企業文化這種無形的約束。管理加上文化，這個企業才能健康。企業文化起什麼作用呢？就要做到制約一些大家的壞習慣和錯誤的認識的作用，要把這個問題給解決掉。

我過去運作「珠海巨人」的時候，存在幾個問題：第一、下級對上級經常拍胸脯，「我保證完成這個任務」。如果下任務指標的時候，「沒問題我保證完成」，到時候不完成了也沒事。下次又這樣吹牛。下級的隨意性，讓上級對下級失去信任；第二，上級也經常是：你這個任務完成了，我發一千塊錢獎金給你。最後突然間發現，這個任務其實很簡單，兩分鐘完成了。這麼容易完成了，不發了，或者改別的了。所以下級對上級又不信任。直到「珠海巨人」休克的時候，這個情況一直存在。所以後來，我們的

第四章 絕不做輕諾寡信的管理者

一是一，二是二

企業文化裡面，第一條總結就是說到做到，做不到你不要說。

俗話說：「上梁不正下梁歪」，管理者是員工的表率，應當養成高尚的行為習慣，這樣才能夠在群眾中樹立較高的威信，才能贏得影響力和號召力。管理者應說真話、說實話、說公道話。評價人和事做到一是一，二是二；是則是，非則非；成績不誇大，缺點不縮小。

說真話、說實話，即堅持實事求是。這是管理者行為準則的一個重要內容。管理者要勇於講真話、講實話、堅持實事求是。這樣才能經得起時間的考驗，才能贏得廣大員工的信任和愛戴。

說到就要做到

雖然先哲孔夫子曾反覆告誡我們：「一個人要言行一致。說了就要去做。只說不做是不講信用的人，是缺乏高素養的表現。」但是，我們的身邊仍頻頻上演著承諾不兌現的事例：

二〇〇四年，不少香港資金湧入市場，頻頻收購本地掛牌公司控股權，推動股價上漲，帶動大股東股權轉手交易頻繁，並引進開拓中國業務的概念，使得一些平時沉寂的公司，吸引了投資者的注意，也帶動了股票買賣的轉熱。不過，一些香港股東在最後關頭無法兌現的承諾時有發生，使得上市公司管理層面對進退兩難的局面。

企業中，老闆善於以承諾激勵員工實現目標。現狀往往是，員工實現目標的時候，老闆會以種種條件和藉口設置承諾兌現的條件，而減少或者取消員工認為應得的兌現。於是，員工會認為老闆言而無信，逐漸喪失對公司承諾的信任，認為老闆在不停的畫「永遠都無法得到」的「餅」。承諾式管理開始失效，公司與員工之間的信任危機出現並無限迴圈，組織策略計畫無法實施。

言行一致，是為人處世的基本道德要求。對於企業管理者而言，言行一致不僅是一條做人的基本準則，也是管理者的基本準則。「聽其言，觀其行」，管理者的一言一行員工都看在眼裡，記在心裡，一旦發現你言行不一致，你的威信就會大大降低。

劉長青當老闆多年，一向標榜自己是個好上司，言必行，行必果。不過，他還是有過沒能實踐承諾的經歷。二〇〇八年，劉長青的部門承擔了一個新專案，工作量非常大。他非常看好的一個員工主動提出幫他挑起這個巨大的項目。劉長青向老闆建議年終給這位出色的員工升職加薪，老闆也同意了。得到老闆的准許後，劉長青馬上就向這位員工作出了承諾：只要能夠順利完成項目，年底升職，加薪幅度百分之三十。任務順利完成，可是沒想到的是：金融風暴不期而至。總公司規定平均加薪不超過百分之十，劉長青爭取大半天也沒有任何作用。

講這個失敗的例子是想說明一點，老闆要能夠說到做到，那絕對不是件容易的事情，不僅需要他本人有良好真誠的意願，也要有強大的背景和能量。說到做到靠的不僅是誠信，更是實力。

在一個企業中，管理者的影響力是不容忽視的。通常情況下，員工會不自覺地模仿上司的行為和態度。而構造管理者影響力的一個要素就是他是否是一個言行一致的人。如果他口是心非，只說不做，只聽到雷聲而不見下雨，長此以往他就會逐漸喪失自己的威信。

管理者要想樹立威信，讓員工更加信服，就應從自己的每一句話開始，從自己的每一個行動開始，做到言行一致。只有這樣，才能使員工感受到自己的管理者是能讓人信賴的，才能引發他們更強的責任感。

言行一致，說到就要做到，這本不是什麼高深的理論。也許正是因為太簡單了，所以往往被人忽略。許多人太看重的是管理者的權力，更多的只是想知道「怎樣讓你服從我」，而不是「我應該怎樣做才更具影響力」。

說到就要做到，大家都知道這個品質的重要性。然而，許多管理者經常拿它來要求別人，卻很少如此要求自己。久而久之，員工也就習慣了自我放鬆。當他們成為管理者的時候，也只會要求別人，不要求自己，進而形成一種惡性循環。這種行為一旦成為習慣，無論是對企業的發展還是對個人的進步都沒有任何好處。

當年，某集團創業時曾有一條規定，如果參加會議的人數超過二十個人，誰遲到就要罰站一分鐘，上自管理層，下至員工，一視同仁。第一個被罰站的人是原來的老主管，罰站的時候他本人緊張得不得了，一身是汗，老闆本人也一身是汗。老闆跟他的老主管說，你先在這裡站一分鐘，晚上我到你家裡給你站一分鐘。即使是老闆本人也被先後罰過三次。

一個優秀的管理者不是靠制度來管人，而是靠自己的魅力和品格來贏取員工的信服。員工判斷一個管理者時，更多的是根據他的品格，而不是根據他的知識；更多的是根據他的心地，而不是根據他的智力；更多的是根據他做了什麼，而不是他說了什麼；更多的是根據他的自制力、耐心和紀律性，而不是根據他的天才。

主管說到卻做不到這種狀況太普遍了，張光前覺得吃一兩次虧沒關係，不要老是吃同樣的虧，下回再碰到這種主管開空頭支票的事情，一定要多長個心眼。

有一次，張光前和一個客戶談補償的事情，口頭向主管彙報了自己的處理意見及賠償金額，主管答應後張光前就給客戶作了回覆。沒想到辦手續時碰到麻煩，主管居然說他忘了有這件事，反而說他處理不當。張光前當時那個鬱悶啊，一方面主管不給批錢，另一方面自己又答應了客戶的要求。吃一塹長一智，後來張光前就以書面形式要主管簽字確認，好歹為自己留個證據。主管如果真的只是忘了還好辦，假如他是存心整你，那麻煩就大了。

在企業中，常常看到管理者言行不一，比如許多管理者表面上侃侃而談員工的重要性——以人為本、人是我們最重要的資產，其做法卻與他們的這種姿態截然相反。他們不願意傾聽員工的抱怨，對員工的個人問題漠然處之，或聽任優秀的員工離去，而沒有為挽留他們做過任何努力。事實上，要讓員工相信一個「說一套，做一套」的管理者是很困難的。而且他們也會在這種管理者的負面影響下，對公司的各種制度置若罔聞。也就是說，管理者言行不一的這種行為會給企業的管理帶來極大的傷害，嚴重破壞企業成員對管理者的信任，一個公司一旦沒有了員工對管理者的信任，企業的合作能力將會極大下降，而這種下降對企業的破壞常常是難以彌補的。所以，一個有威信的管理者，首先就要確保自己言行一致，做到「言必信，行必果」。

濫開「空頭支票」的後果

某酒店迎來了一房難求的黃金週。從本月中旬開始，客務部已經開始了緊張忙碌的訂房、控房工作。終於等到這一天了，除了預定的房間，其他散客房是少之又少，到下午四點時，百分之九十的房間已經入住了。僅有少許預訂未到和幾個單人房，櫃台當班服務員小魯總算是鬆了一口氣。

這時，有一位風塵僕僕的男士跑到櫃台：「你好，還有房間嗎？我是從外地過來的，最好能有一個單人房。」小魯馬上查詢電腦系統：「先生你好，單人房還有的。現在需要入住嗎？」「可不可以稍等一下，我行李還在外面的車上，我去取一下順便停一下車。」「好的。」

此時，又走進來一個夾著公事包的客人，到櫃台後很熟悉的與櫃台員工打起了招呼：「小魯今天當班啊，給我一間單人房。」「你好，王總。」原來是某集團公司的老闆，酒店的常客，櫃台員工都認識的。他也要單人房，可是單人房只有一間，剛才那位外地來的先生也要了。怎麼辦呢？「怎麼，今天沒有房間啊？」王總問。小魯心想，「王總是常客，不能得罪，反正剛才那個客人也沒有做預訂，只是口頭上說有而已，又沒有證據。再說他現在也沒過來，我先把房間賣完，酒店也不損失什麼。」於是對王總說：「有的，房間有的。」不一會，小魯就給王總辦好了入住手續，送客人進電梯了。

這時，剛才那位客人拉著行李回來了，把證件拿出來說：「給我辦一下登記，我住一天。」「對不起，房間已經沒有了。」客人一聽頓時火冒三丈：「五分鐘前還說有的，現在就沒有了？我大老遠從外地趕過來，現在告訴我沒有房間？」小魯一看招架不住，馬上聯繫了副理。一查詢，除了預訂的房間，還有一個雙人房。於是詢問客人是否可以入住雙人房。客人一聽就不高興了，本來說好了有單人房的，怎麼現在讓我住雙人房？再查看其他的單人房確實沒有了。看著火冒三丈的客人，小魯頓生委屈，事後肯定有罰單等著她了。

櫃台接待員未意識到口頭承諾的重要性，以為只是口頭預訂，並沒有單據類的證據，再說也未對酒店造成損失，未將此事引起重視。其實口頭承諾也很重要，說到就要做到，已經承諾過就必須為客人留好房間，這是客人對酒店最起碼的信任。

一個優秀的管理者首先是一個具有優秀品德的人。優秀品德的首要展現是誠實，對人真誠，對企業有比較高的忠誠度。誠實的主要表現是：在是非面前堅持原則，與員工溝通敞開心扉，在工作中實事求是，出現失誤勇於面對。如果你一直這樣做了，你就有可能成為優秀的管理者。只有誠實才會認真工作，才敢於承擔責任。誠實是做人最起碼的道德水準，如果一個管理者連誠實都不具備，對員工的承諾不兌現，以所謂聰明的「管理技巧」矇騙員工來取得工作績效，那麼「狼來了」的故事的主人公可能就成了你。

作為當時一家招聘公司某分公司的負責人，半年來，喬天山辦公是在自己的出租房裡，外出辦事要擠公車，每天的伙食標準只有基本額度——這跟老闆當初承諾他的簡直是天壤之別。

喬天山的公司主要從事人員招聘和輸送。公司發展不錯，短短兩年時間，已在很多外來加工型企業聚集的城市建立了分公司。今年年初，公司決定在某大城市組建分公司，老闆找到了喬天山。他告訴喬天山，在這樣一個現代化城市裡，分公司也要有相應的配備，公司已在市中心地段租了辦公大樓，車子也會在不久的將來就到位，其他的各項預算也做得很充足。公司還給他配了兩名得力助手。

到了那個大城市之後，喬天山才知道老闆說的辦公大樓只不過是沿街的一家店面，還得重新裝修過；問老闆要人，老闆讓他直接在當地招一個；車子更是沒影子，就連日常經費都難以到位，導致一些招聘工作無法展開。每當他打電話要老闆兌現當初的承諾時，老闆就打哈哈：「先把工作開展起來嘛，以後一切好說。」次數多了，喬天山氣得難免想罵髒話。

有一次，他去下面一個城鎮做一場招聘。當地人力資源部的人半開玩笑半提醒：「喬經理，你們連自己的車都沒有，讓當地的人怎麼相信你會給他們找到好企業？」當時，另一家招聘公司正在招聘分公司經理，喬天山不想這麼委屈自己，直接就跳槽了過去。當他把結果告訴老闆時，老闆在電話裡就急了，說你要什麼，我就配什麼。「我就不吃這一套，」喬天山說，「我已經過了一起創業的年齡，現在的公司給我的感覺就好比生活在一個配套齊全的社區裡，很安穩，我只需要考慮如何去拓展業務。」

言行一致意味著表裡如一，作為管理者，當你做到了這點，你的魅力就會潛移默化的影響到別人。當他們都敞開自己心扉的時候，你也很容易感受到他們性格的不同側面。你將更清楚的看到別人的長處、美德。這樣你也就更能夠體貼、親近別人，創造一種心心相印的愉悅氛圍。這樣愉悅的氣氛會感染在這個環境中的每一位員工，使組織內部形成一種無形卻強有力的情感凝聚力。而這就是很多管理者終生追求的目標。人們往往崇拜智力超群的天才，但是品德高尚的管理者更能贏得員工的信服和尊重，而言行一致就被看作是優秀管理者必須具備的一個首要特質。

重諾守信

十八世紀英國一位有錢的紳士，一天深夜他走在回家的路上，被一個蓬頭垢面衣衫襤褸的小男孩攔住了。「先生，請您買一包火柴吧。」小男孩說道。「我不買。」紳士回答說。說著紳士躲開男孩繼續走。「先生，請您買一包吧，我今天還什麼東西也沒有吃呢。」小男孩追上來說。紳士看到躲不開男孩，便說：「可是我沒有零錢呀。」「先生，你先拿上火柴，我去給你換零錢。」說完男孩拿著紳士給的一個英鎊快步跑走了。紳士等了很久，男孩仍然沒有回來，紳士無奈的回家了。

第二天，紳士正在自己的辦公室工作，僕人說來了一個男孩要求面見紳士。於是男孩被叫了進來，這個男孩比賣火柴的男孩矮了一些，穿得更破爛。「先生，對不起了，我的哥哥讓我給您把零錢送來了。」「你的哥哥呢？」紳士問道。「我的哥哥在換完零錢回來找你的路上被馬車撞成重傷了，在家躺著呢。」紳士深深的被小男孩的誠信所感動：「走！我們去看你的哥哥！」去了男孩的家一看，家裡只有繼母在照顧受到重傷的男孩。一見紳士，男孩連忙說：「對不起，我沒有按時把零錢送給您，失信了！」

紳士卻被男孩的誠信深深打動了。當他了解到兩個男孩的親生父母都已亡故時，毅然決定把他們生活所需要的一切都承擔起來。

老子說：「輕諾，必寡信。」孔子說：「人而無信，不知其可也。」「君子一言，駟馬難追。」一個管理者可以表決心，絕不能輕許諾。表決心可以引發士氣，輕諾則會失信於人。

在企業經營過程中，老闆的言行尤為重要。金言一開，不說駟馬難追，起碼也要真實的履行諾言，方可取信於員工，不斷提升老闆個人的人格魅力；反之，將會適得其反，會讓員工工作在互不信任的環境中，以至無心為企業再作貢獻。試想想：一個言出不行的老闆，如何能讓員工們享受到企業成功的榮耀和滿足感？

漢朝的開國功臣韓信，年幼時家裡很貧窮，常常衣食無著。他跟哥哥嫂嫂住在一起，靠吃剩飯剩菜過日子。小韓信白天幫哥哥工作，晚上刻苦讀書，刻薄的嫂嫂非常討厭他讀書，認為讀書耗費了燈油，又沒有用處。於是韓信只好流落街頭，過著衣不蔽體、食不果腹的生活。有一位為別人當傭人的老婆婆很同情他，支持他讀書，還每天給他飯吃。面對老婆婆的一片誠心，韓信很感激，他對老人說：「我長大了一定要報答你。」老婆婆笑著說：「等你長大後我就入土了。」後來韓信成為著名的將領，被劉邦封為楚王，他仍然惦記著這位曾經給他幫助的老人。他找到這位老人，將老人接到自己的宮殿裡，像對待自己的母親一樣對待她。

毀滅信任最快的方法就是，說一套、做一套。與此對應的，要建立信任、提升信任，最強有力的方法就是說到做到。要能長期做到這一點，唯一的方法就是，在做出承諾之前，必須深思熟慮一番。比如要承諾員工什麼，最好能夠先傾聽再開口，這樣你就有時間思考，也可以適時提問，確實搞清楚對方需要什麼，而不要在搞清楚狀況之前，以為自己很清楚，進而輕易做出承諾。老子說「輕諾者必寡信」，為什麼呢？因為輕易許諾，往往最後做不到。堅持說到做到，做不到的不承諾，如此，員工會不斷增進對你的信任。

管理者的承諾一般是在員工提出辭呈或是委任一個重大事項時做出，承諾的內容不外乎是薪水和職務。

兩年前，江華麗提出辭職時，老闆佟際東找她談話，給她的承諾就是——不出兩年，公司一定會做大，我可以保證你會得到同行業內最高待遇，及與你相匹配的職務。江華麗當時之所以提出辭職，是一家競爭對手以雙倍年薪和運營總監的雙重誘惑來挖角她。這對於一個既累積了一定經驗，又想挑戰自我的女孩子來說，是一個不錯的機會。

江華麗提出辭呈時，佟際東態度很誠懇。他說起當初江華麗一起加入創業團隊時的情景，毫不掩飾對她的欣賞。這讓江華麗很感動。當時，江華麗的職務是公司中層，年薪八萬，這個薪資水準在行業內不算低。事實上，公司的運營狀況並不理想，投資方曾提出質疑，在公司尚未盈利時，為何不降低人力成本，反要開出這麼高的年薪？是佟際東跟投資方竭力爭取，才得以維持現狀。對於這個從來都是少說多做的主管，江華麗也一直都很欣賞。所以，當輕易不許諾的佟際東許下了「同行業內最高待遇，及與你相匹配的職務」的承諾時，江華麗也就收回了辭呈。

但是兩年時間過去了，在內憂外患下，公司成長得很艱難，幾度出現資金短缺。佟際東整天忙著到處救火，心力交瘁，蒼老不少。這兩年，由於薪資一直沒有漲過，員工們頗有微辭，公司人心也渙散不少。而對於江華麗來說，兩年前，八萬年薪還可以讓她過得比較舒適，但現在，不免有點捉襟見肘。由於競爭公司一直沒有放棄對她的邀請，江華麗有時難免心嚮往之。但還沒等她提出辭職，佟際東主動找她談話了。他說：「非常抱歉，對你的承諾還沒有兌現，但我在努力，希望你能一起努力。」江華麗知道，佟際東非常想兌現承諾，但是企業現狀無法支持。一邊是高薪高職，一邊是加薪無望，只有領導者厚望，到底是留還是走，江華麗糾結不已。

輕諾寡信會嚴重妨害管理者建立同員工之間的信任關係。不過，也有一些所謂「聰明」的管理者非常注意運用語言的技巧，將形勢朝著有利於自己的方向扭轉，這樣他人就會只注重管理者的言而不是行。但任何技巧性的東西都只會短暫的維持你的「光環」，所有的所謂技巧都會在時間面前變得蒼白，它只會讓人覺得被愚弄，結果往往適得其反。與那些「說一套，又做一套」的管理者相比，言行一致的管理者更容易被信賴和尊敬。

一諾千金，言出必行

一諾千金語出《史記．季布欒布列傳》：「楚人諺曰：得黃金百斤，不如得季布一諾。」

季布是西漢初年的一位俠士，他為人正直，樂於助人，特別是非常講信義。只要是他答應過的事，無論有多麼困難，他一定要想方設法辦到，所以在當時名聲很好，官至河東太守。當時，楚地有個名叫曹丘生的人，能言善辯，專愛結交權貴。季布和這個人是同鄉，很瞧不起他。曹丘生登門拜訪，季布一見他，就表露厭惡之情。曹丘生對此毫不在乎，先恭恭敬敬的向季布施禮，然後慢條斯理的說：「我們楚地有句俗語，叫做『得黃金百斤，不如得季布一諾』，您是怎樣得到這麼高的聲譽的呢？您和我都是楚人，如今我在各處宣揚您的好名聲，這難道不好嗎？您又何必不願見我呢？」季布覺得曹丘生說得很有道理，便不再討厭他，並熱情款待他，留他在府裡住了幾個月，臨走時，還送了他許多禮物。曹丘生確實也照自己說過的那樣去做，每到一地，就宣揚季布如何禮賢下士，如何仗義疏財。這樣，季布的名聲越來越大。

一個喝得酩酊大醉的人說的話，幾乎沒有人會當真，因為他幾乎沒什麼信用可言。而日本管理學家秋尾森田就曾用喝醉的酒鬼來形容不守信用的人，因其滿嘴胡言亂語而不會按自己的話去做，除了引來懷疑和嘲笑外，無法改變什麼。所以，不能兌現就不要許諾，否則會聲名狼藉。這就是「秋尾法則」。主要是在企業管理經營活動中，要講誠信，它是企業生存與發展的基石。在企業裡，一諾千金的管理者受人尊敬，事事不兌現承諾的管理者往往得不到信任。

「如果承諾只是『保證怎麼樣』，而沒有『假如不兌現將怎樣』的內容，那就沒有意義。」不僅要將承諾內容向大眾公開，而且承諾期滿時，應向大眾公布承諾兌現情況，使公開承諾成為評價的標準之一，對那些有諾不踐、或視承諾為兒戲者，必須及時亮出黃牌，實行追蹤問責。

專家建議，針對當前的一些「承諾秀」，應該以完善的監督制度來制止，落實具體的監督機構，對承諾事項一督到底，全過程把關，並及時向大眾公布，讓那些虛設的承諾無法糊弄百姓。

一個一諾千金、言出必行的企業老闆，會淘汰現有的管理隊伍中言而無信的人，會引進說到做到的人，會影響偶爾言而無信的人。當企業老闆言出必行時，他們受到影響，也會慢慢的偏向言出必行。

企業管理者一定要記住：諾言是必須信守的，不管諾言是在何種情況下許下的都一定要信守。即使是在迫不得已的情況下許下的諾言，也不能只當作權宜之計，因為別人只會看重你是否對自己說過的話持有負責的態度這一點。只有以信待人，與員工坦誠相見，任之以事，信之以堅，不為讒言所惑，才能抓住員工的心，力求在現代激烈的競爭中遊刃有餘，成就一番事業。

誠信，要從對員工開始

企業誠信，是企業持續發展的重要因素，這一點已為眾人一致認同。但是有一些企業主只是著重於企業對社會、對消費者的誠信，而忽略了企業對員工應有的誠信這最重要的一環。

或許有人說，有哪一個企業會對員工沒有誠信呢？表面現象的確如此。然而，看一看不時在街頭上演的因領不到薪資而引發的「跳樓秀」，以及因老闆拖欠薪資，員工爬上頂樓以死相脅，再想一想有哪個老闆在招聘時不說「薪資高、福利好」的花言巧語，由此可知部分企業老闆的誠信程度了。

企業老闆對員工缺乏誠信的表現不單在這方面。為了給員工「空頭支票」，誇大企業的實力、前景、業務關係網等等。在這種情況下，員工也心知肚明，但都不願去當面拆穿其謊言。這樣的企業，何談市場競爭力，何來對社會、對消費者的誠信！

一位剛畢業一年的女大學生在一家廣告公司任企劃。公司接了一單大業務，老闆許諾，完成了該項工作後每名員工視職位獎勵兩百至三千元。任務完成了，由於支出遠遠超過預算，這項業務公司並沒有賺多少錢。老闆許諾的獎勵不見影子，也不向員工作個說明，員工覺得老闆沒有誠信，結果因此有近一半的人辭職，可算得是喜劇開場，悲劇收場。

企業老闆隨意作出許諾而無法兌現的例子比比皆是。如信口開河所說的加薪、旅遊、聚餐等福俐落空，都會在員工的腦海裡留下老闆沒有誠信印象，也直接、間接影響著企業對社會、對消費者的誠信。

老闆的隨機說話一有誤差就有可能失去誠信，後果有時是很難挽回的，那位女大學生服務的那家公司就是這樣。我們不僅要問：陳氏兄弟集團以言而有信受到巴黎北郊的 PANTIN 市市長 Bertrand KERN 的讚揚，為什麼一些企業就不能學一學？不是說單獨向陳氏兄弟學習，向古人學習學習也同樣可行。

曾子是孔子的學生。有一次，曾子的妻子準備去趕集，由於孩子哭鬧不已，曾子妻許諾回來後殺豬給孩子吃。曾子妻從集市上回來後，曾子便捉豬來殺，妻子阻止說：「我不過是跟孩子鬧著玩的。」曾子說：「和孩子是不可說著玩的。小孩子不懂事，凡事跟著父母學，聽父母的教導。現在你哄騙他，就是教孩子騙人啊。」於是曾子把豬殺了。曾子深深懂得，誠實守信，說話算話是做人的基本準則，若失言不殺豬，那麼家中的豬保住了，但卻在一個純潔的孩子的心靈上留下不可磨滅的陰影。

在市場經濟中，很多企業一談到誠信，只講員工對公司的忠誠，企業根本不反省自己對員工、對其他合作夥伴是否誠信，是否有忠誠度。其實誠信是一種平等的互利雙贏模式。員工對企業的忠誠是員工應盡的義務，而企業言而有信、坦誠對待員工也是責無旁貸。這就需要打造一種誠信的企業文化，把忠誠度或誠信當成企業、員工個人的立身之本，從日常一言一行做起，充分展現誠信的文化內涵。試想，員工面試時約定薪資為一千五百元，在發放時只發一千一百元；按公司明文規定的業務提成辦法可以提佣金十五萬元，在兌現時只發了八萬元，這樣會換來員工對你的忠誠嗎？還有一種企業，放任甚至鼓勵員工對客戶能蒙就蒙，能騙就騙，用這種方式訓練出來的員工對公司有忠誠度嗎？所以，誠信是一種文化，是一種導向，不但要對員工進行引導，企業更應以身作則，率先垂範，應始終遵守「以義取利，誠信為本」的行為準則。這不僅僅表現為「用戶至上，信譽第一」的理念，保證其所有經營活動合乎法律、合乎道德；也不僅僅表現在自覺追求與產業競爭對手的共同發展，對共同產業利益的忠誠和恪守，並自覺的按照與和諧規範相一致的行為方式行事。更為主要的是，企業老闆要取信於員工，就要對員工言而有信，愛護有加，而不是能蒙就蒙，能騙就騙。

周百光曾有過一段非常失落和迷茫的時期，緣於主管承諾不兌現。三個寺年前，已有兩年工作經驗的他，被一家大型醫藥集團的電子商務公司市場總監招至分公司。三個月後，市場總監自己人手緊缺，把周百光調至另一座城市。就周百光個人來說，他還是喜歡在原來的城市，況且這三個月來，在人手不多的這個分公司，他的個人能力已經得到充分顯示。但市場總監承諾他說，到另一個城市是總部，這只是一個過渡，不久的將來，他會讓周百光擔任產品經理，或者區域負責人的角色。

周百光以「市場總監助理」身分任職。總監助理是個打雜的角色，但周百光做得一樣出色。半年後，公司的一些新專案陸續上馬，周百光想，總監的承諾該兌現了吧。但是，值得玩味的是，一些相對出色的同事陸續接手了這些專案，成為「產品經理」或是「區域負責人」，唯獨周百光還是原地踏步。他百思不得其解，試探總監還記不記得當初的承諾。總監的答案永遠是兩種，要麼說「這不是我能決定的」，要麼就是「這些項目不適合你」。

周百光記得很清楚，那年他二十七歲，正處於想做點事證明自己的年齡。他不知道自己究竟哪裡做錯了，導致總監的不滿和對自己的冷落。這是他踏入社會後第一次遭受的心理折磨。對於當時的他來說，辭職或不辭職，都有那麼一點不甘心。前前後後、認認真真思考了幾天，他決定還是堅持下去，因為他隱隱感到，「不太可靠」的市場總監在集團裡似乎並不得人心。

事實證明他的堅持是對的。一年多以後，因為內部權利鬥爭，總監被調至集團其他公司。新總監一上任，便把周百光重新調至先前的那個城市，任分公司經理。

現在說起「主管承諾不兌現」這個話題時，周百光顯然已經有了免疫力：「最好的辦法是看淡，當做沒有。」就像現在，公司搞股權激勵，「我從不當作承諾，有，最好；沒有，也不失落。」

如果企業管理者們能夠做到說一不二，該給員工的薪資、福利、獎勵言必信、行必果。對有突出貢獻的捨得給鈔票、給職位，不吝嗇，員工就會相信企業、擁護管理者。如果企業管理者們言而無信，說些不實際的話，不實現對員工的承諾，很快就會失去員工的心，失去員工對工作的熱情。總結成一句話：企業的誠信，要從對員工誠信開始。

企業的競爭力是誠信

從世界五百強的排名更迭，到很多瀕臨死亡的企業，是什麼力量助長了競爭力的提升？又是什麼力量使競爭力沉淪？不是策略，也不是執行力，而是被一般大眾所忽視的企業品德，對企業的興衰具有決定性的關鍵作用。

可以說，企業的競爭不只是策略、技術和創新的競爭，決定勝負的關鍵，往往掌握在品德方面。企業品德是一種無法量化的競爭力，企業如果不重視誠信，不但影響企業形象，也絕對影響企業的競爭力。「誠信是經商的最高境界」，重視誠信的企業，將因為顧客、員工、股東三方認同企業形象而變得更加忠誠，顧客提高了購買動機，員工提高了生產力，股東提高了投資的信心。企業倫理的推動與落實，最好的方法是讓企業倫理觀念融入企業的核心價值，塑造出強有力的企業文化，進而影響員工的行為和意識形態，在這個過程中，企業管理者扮演著關鍵性的角色。

北宋詞人晏殊，素以誠實著稱。在他十四歲時，有人把他作為神童舉薦給皇帝。皇帝召見了他，並要他與一千多名進士同時參加考試。結果晏殊發現考試是自己十天前剛練習過的，就如實向真宗報告，並請求改換其他題目。宋真宗非常讚賞晏殊的誠實品德，便賜給他「同進士出身」。晏殊當職時，正值天下太平。於是，京城的大小官員便經常到郊外遊玩或在城內的酒樓茶館舉行各種宴會。晏殊家貧，無錢出去吃喝玩樂，只好在家裡和兄弟們讀寫文章。有一天，真宗提升晏殊為輔佐太子讀書的東宮官。大臣們驚訝異常，不明白真宗為何做出這樣的決定。真宗說：「近來群臣經常遊玩飲宴，只有晏殊閉門讀書，如此自重謹慎，正是東宮官合適的人選。」晏殊謝恩後說：「我其實也是個喜歡遊玩飲宴的人，只是家貧而已。若我有錢，也早就參與宴遊了。」這兩件事，使晏殊在群臣面前樹立起了信譽，而宋真宗也更加信任他了。

企業進行管理的目的就是為了降低成本，實現利潤最大化。但是一些企業管理者卻忽視了這樣一個事實，如果一味的強調各種規矩的效能，而忽視了管理者自身誠信原則的話，人的積極性未必能充分調動起來。有些企業管理者自認為自己很高大，口無遮攔，信口開河，憑一時興起，就會向員工許諾晉升或加薪等，至於事後如何兌現，早已拋卻九霄雲外；一時心煩不順，就對員工橫加指責，對一時失誤的員工大加處罰，甚至炒魷魚。員工不喜歡不講信用的管理者。管理者對待員工一定要誠實，不能和下面案例中的老闆一樣。

經好朋友介紹，李立到一家創立不久的公司做人力資源管理經理，薪資職位都讓人滿意。哪知道工作了三個月後，老闆突然告訴李立，人力資源部門的工作沒有達到自己的標準，所以他不能拿到當初承諾的薪水。

李立很長時間裡一直很鬱悶：自己什麼工作沒有讓老闆稱心滿意呢？不久，她從別的經理那裡了解了真相。原來，吝嗇的老闆在公司走上正軌後，不願意按照當初的承諾付出高於市場的薪水，於是，很多部門的工作都不能「達到他的標準」，以此削減公司管理層的薪資。李立和幾個部門經理很快離開了這家公司。

企業能夠生存下去需要兩個誠信條件支援，一個是對外的誠信，一個是對內的誠信。對外的誠信是對合作夥伴的尊重，作為企業要講究潔身自好；對內的誠信就是對員工的誠信，也可以說是一種責任。誠信是企業之本，所以更應該展現在公司薪資體系中。薪資在很大意義上是公司和員工建立關係的基礎，如果連基礎都受到了懷疑，那麼公司對員工也就毫無吸引力了。

企業的最高目標是持續健康的發展下去。按照「木桶效應」理論，企業裡任何一塊「板」過短都是致命的。但在導致企業滅亡的眾多短板中，有一「塊」是大家所不太注意的，那就是核心員工的持續流失。

許多老闆嘴上常說人才是企業的寶貴財富，但私下仍有「三條腿的蛤蟆不好找，兩條腿的人有的是」的陳舊觀念。凡是能力高的員工，一般都是企業千方百計想留下的，通常也給予了不薄的待遇，然而他們為什麼還要離職呢？有一個原因很重要，那就是老闆沒有兌現事先的承諾。作為公司的老闆，你所說的話是一言九鼎的，不能向員工兌現的許諾，你最好還是別說。

周小姐自小就有著好勝的性格，優越的家庭環境、出色的學歷，曾使得她的職業經歷一帆風順，先後在某汽車貿易公司、某國際貿易公司等幾家大公司任職。三十歲那年，周小姐與丈夫張某一起來到上海工作，透過網路應徵，跳槽進入某外資建築裝飾工程公司擔任行政主管，並很快就成為老闆的得力幹將。她憑藉自己出色的工作能力和多年累積下的管理、社交經驗，為公司解決了一樁樁棘手的難題，協助公司打贏多場官司，還平息了勞資糾紛，贏得了老闆的讚賞與信任。老闆滿意的對她說，「你做得很好！公司不僅要給你加薪，還要獎給你本人一輛轎車，年底的獎金分紅絕不會讓你失望的。」

老闆的口頭承諾成為周小姐努力工作、加班加點的動力。後來，她回家的時間越來越晚，週休二日、節慶假日也要被叫到公司加班。年底了，她要求老闆兌現承諾，老闆總是答覆她說：「再說，再說。你的付出會有回報的。公司不會虧待你的，你就放一萬個心吧，我對你的許諾定會實現的。」後來，周小姐透過關係，為公司招攬了一單數百萬元的業務。接洽這筆業務之初，老闆口口聲聲答應要給她百分之五的佣金，業務做成後，老闆卻「淡忘」了他的承諾。

日復一日，老闆一直沒有向周小姐兌現他的承諾，周小姐的工作情緒受到了打擊，一段時間內，工作經常出現小紕漏。一次，周小姐因疏忽，在發薪資時把秦漢平的薪資匯款到了李軍超的薪資內，且由於公司所找的臨時工人流動性大，錯發的薪資很難追回。為此，老闆責令她自己掏錢解決。周小姐想到自己勤勉不懈任勞任怨的工作，不但沒有得到回報，反而要為一點小差錯賠錢！她覺得老闆太沒有人情

輕鬆做主管 Be a relaxing manager
用「心」管理，不是用「薪」管理

味了。春節過後，能幹的周小姐跳槽走了。

一名得力的幹將辭職了，老闆的承諾無須兌現了，可是，你以為你賺了嗎？

事實上，企業的成長與人才的聚集和成長是同步的，企業的震盪和人才的震盪也是一致的。人才，特別是能力高的員工的持續性離去必然導致企業的消亡。

講誠信是人生中的一種境界，一種很普通的境界，也是企業管理者應具備的一種境界，但是很多企業管理者卻做不到，而一味要求員工對企業如何忠誠再忠誠。試想，企業管理者對員工沒有一點誠信可言，又怎能贏得員工對你的忠誠呢？

只有員工講誠信，企業才有誠信

很多管理學家也都認為提高員工誠信素養是企業生存的基礎。因為企業要講信譽，要對產品和客戶負責，就要靠員工在具體的工作中去實現。如果一個企業的員工不講誠信，那麼這個企業的誠信也就無從談起。因此，員工的誠信素養對企業來說是至關重要的，只有員工講誠信，企業才有誠信。

「我們要知道，雖然企業與員工之間是一種僱傭與被僱傭的關係，但同樣也需要誠信在其中發揮作用。誠信是企業的生命，對於員工來說也是一樣，企業經營好了，對員工的發展也有利，兩者是互惠互利的。如果一名員工能夠重視誠信，認真工作，誠實執行企業的制度，生產好的產品，對客戶信守承諾，那麼該員工就會為公司做出很大的貢獻，企業就會越做越大。如果員工不講誠信，那麼公司的信任度將會大打折扣，久而久之就會產生信用危機，客戶群的流失也就成了必然。」——摘自某企管書籍。

是的，我們也認為管理學家的話沒有錯，誠信是企業的生命，提高員工誠信素養是企業生存的基礎。一名員工能夠重視誠信，認真工作，生產好的產品，對客戶信守承諾，企業就會越做越大。這些管理學家的話不由得讓人產生這樣的聯想：企業只是一味的要求員工對其講誠信，反過來說，企業對員工講誠信了嗎？如果企業只對顧客守誠信，不對員工守誠信，沒有員工的勞動企業拿什麼去賣，拿什麼去賺錢。有些企業非常缺人，上到管理者下到一般員工。可是企業為什麼不拍拍自己的良心問一問：為什麼員工都不想在你那做？為什麼都想走？為什麼寫辭職報告你們不批准？員工的心態為什麼不好？不要只在工人身上找原因，管理者的身上也有原因：說什麼「只有員工講誠信，企業才有誠信」。員工辛勤工作揮汗如雨，管理者對他們講誠信了嗎？這樣的例子太多了：

小劉和大多數剛畢業的大學生一樣，都在努力的找工作。在應徵前，有的招聘單位說的和招聘簡介上一樣，可是做了一個月或二十多天的時候他們就會變，一點不按招聘時說的做，亂加工作時間，亂安排工作，很多工作都讓新應徵的人做，多做的時間和工作本應該按加班算，但還是白做了。

小劉和另外幾個朋友七月中旬的時候應徵到一家紡織廠當學員，應徵時負責人對小劉及另外幾個人說是八小時工作制，學員期的時候薪資一天二十元加一百五十元全勤獎（上滿一個月），沒有任何福利。小劉和幾個朋友上班的第一天，廠方給他們講了一點關於公司的發展和一年的產值，但是工作時間卻不一樣，第一天就是九個小時。當時他們也沒說什麼，現在能找個工作就很難了，多一個小時也沒在意。過了七天他們去生產線實習，剛進生產線的時候給他們安排的還是九小時，可是過了幾天，工作時間變成了十個小時，等他們做到快二十天的時候直接讓做時二個小時（對他們說是過渡期），薪資還和原來一樣。廠裡的老闆經常給他們說，做人要講誠信。可是，老闆卻一點不講誠信。

在當前激烈的市場競爭中，企業對用戶必須講誠信，不講誠信，就會失去市場、就會失去用戶，就沒有立足之地。但有的企業雖然對用戶講誠信，對內部員工卻忽視了誠信，導致士氣低落，人心渙散，生產經營形勢每況愈下。實際上，企業不僅要對用戶講誠信，對員工更要講誠信，這是企業生存和發展的需要。如果一家企業發現有員工對企業的不滿情緒越來越嚴重，而且人數越來越多，該怎麼辦？如果說企業員工對企業不忠誠，並繼續惡化，對企業造成嚴重損失，這時，企業對員工講沒講誠信就格外重要了。員工是企業的基礎，員工的一舉一動都在影響企業的發展，包括企業的效率和企業的直接利益。對企業產生不滿情緒的原因有很多種，但導致的結果往往只有一個：員工對企業的忠誠度越來越低，緊接而來的是頻繁的跳槽或者是更嚴重的損害企業的利益。

企業對員工講誠信要做到善始善終，一諾千金。在招聘人員介紹企業情況時要說實話，讓應徵人員對企業的情況有一個基本的了解，不能誇大其詞，更不能亂開價碼。若應徵人員所聽到的與實際情況大相徑庭，承諾難以兌現，就會有種上當受騙的感覺，甚至產生逆反心理，對企業的發展有百害而無一利。尤其在薪資方面，要有透明度。現在個別企業喜歡用「保底薪資＋獎金＋津貼」的付酬方式，目的是鼓勵員工勤奮工作。而事實上，工作業績是由許多非人為因素決定的，一個銷售人員即使費盡口舌，使出渾身解數，最終也可能一無所獲。那麼他們付出辛勤勞動，就只能領取可憐的保底薪資嗎？還有極少數黑心老闆打著試用的旗號，不斷的招聘、不斷的試用、不斷的辭退，並拒絕支付任何資遣費用。這樣的企業不但難以做大，而且令人痛恨。

我們要說的是，企業不但對外要講誠信，對內更要講誠信。對員工的承諾就要說了算、定了辦，不能搞文字遊戲，開空頭支票，這樣才能取信於員工，才能促進企業的持續發展。

不能違背諾言

中國人十分注重信義。在古代，人們很少簽合同、訂契約，相互間的合作憑的就是一句諾言，所以中國人極力用道德上的強化來使這類模糊的諾言確定下來。「君子一言，駟馬難追」，這是從正面鼓勵人們要謹守信義，不能違背諾言。你不違諾就能受到人們的敬重，便會從中受益。「人而無信，不知其可」，這是從反面警告人們不能不講信義，不能違背諾言，如果你出爾反爾，就會遭到人們的鄙夷，就會被排斥到主流社會之外。由於這些根深蒂固的影響，中國歷史上有成就的領導者向來都極講究信用，言出必行。

經過幾千年的發展，中國走到了現代文明社會。然而，在這文明社會裡，有幾個企業老闆能夠兌現自己的承諾？老闆許諾的方式可以多種多樣，然而事成之後，當老闆的你能兌現當初的承諾嗎？事實上，我們經常會看到和聽到一些老闆為逃避承諾所做的不光彩故事。比如：當老闆的曾答應某項工作事成之後給員工一百萬獎勵，真到了事成之後老闆又後悔當初的許諾。

管理者們為了不承擔失信的惡名，於是就挖空心思尋找員工的毛病。欲加之罪，何患無辭？找出的「罪過」集中起來簡直可以達到「罄竹難書」的程度，不僅足以抵消員工應得的一百萬元，而且看上去再賠一百萬還不夠！員工聽了已經忘記了氣憤，開始不寒而慄，膽小的員工於是被嚇跑了，那些不願過多計較的員工也識相走人了。老闆一面向離開的員工喊著：「你給我站住！你給我回來！你不能走！你得賠我！……」一面又在心裡卻暗自高興得意。

看到這裡，當老闆的你覺得彆扭吧？也可能你會反駁：「我不會這樣做！」說實話，大部分老闆都會這樣想的。因為這是老闆的自然屬性。至於你怎麼做，那要由老闆的社會屬性決定。社會屬性包括：

第四章　絕不做輕諾寡信的管理者

不能違背諾言

老闆個人的價值觀、品德修養；被允諾的對象以及對象與自己的關係；允諾發生的過程；大眾的判別標準、政策、法律、環境以及自己的實力和勢力等等社會要素。從自然屬性來看，所有的老闆沒有什麼大的差別，差別在於社會屬性，正是這社會屬性決定了老闆的成敗、企業的健康持久與否。

就一百萬元的承諾來說，不同社會屬性的老闆可能有不同的做法：第一種，老闆兌現了一百萬元後，又額外送一輛小汽車，這樣的老闆萬裡挑一；第二種，老闆實實在在給夠一百萬元，這樣的老闆千裡挑一；第三種，老闆最後只給十萬元，這類老闆百裡挑一；第四種，老闆最後一分不給，這類老闆十有八九；第五種，老闆答應一百萬，不但一分不給，還加以扣罰，這類老闆十有一二。

自然屬性決定了老闆不想兌現承諾，而社會屬性則決定了老闆兌現承諾的程度。說來也奇怪，老闆的成功與否正好跟這個比例成反比，真正能夠做得成功的企業老闆還不到企業數字的百分之一，大多數老闆都是為了混兩餐在那裡忙碌，有的不過是苟延殘喘，垮掉是遲早的事情。現實中還有一類老闆，在事成之前明知許諾不可能兌現，但為了完成任務就誇大許諾，讓員工為其賣命，等到榨乾員工的智慧和能量時再想辦法開除員工。

在某隧道工地，有個開挖坑道包給一家廠商做。有一天隧道坍方，而且越塌越多，形勢危急，但廠商出於對安全的考慮沒有上去搶救坍方，給錢也不同意搶救，急得現場主管團團轉。最後，現場主管拿著一疊錢再三動員企業員工搶救坍方。員工們出於對企業的忠誠，冒著頭頂不斷掉下來的石子，扛著鋼架支撐和方木衝了上去，拚搏一夜，終於止住了坍方。可事後主管說：你們都是企業員工，有責任在企業危難之時衝上去，這獎勵就免了，但可以給工程隊記一功。這番話，讓在場的員工頓時泄了氣。

老闆不兌現諾言的原因，除了「貪婪」之外，還有什麼「迫不得已」嗎？

為什麼老闆很難兌現承諾呢？一些企業領導人的確是講誠信，但這種誠信只有他們的客戶才能享受得到，對員工則常常不講誠信，有點「寧贈友邦，不予家奴」的意思了。他們認為員工是靠他們吃飯的，他們是員工的上帝，所以不需要對員工誠信。另一個原因是老闆許諾時，只是就某一縱向領域的發展來考慮，橫向的困難有時是根本預測不到的，然而在事情發展過程中，偏偏發生了。比如：當初老闆之所以答應許諾給你一百萬元，是因為老闆計畫事成之後，可能總收益是一千萬元，兌現後自己還能得到九百萬元。然而老闆根本沒有預測到事情的複雜程度和難度，於是不斷尋找比你更有能力的人和具備其他方面能力的人，不斷付出更多的成本。開弓沒有回頭箭，也不可能回頭，於是老闆為了做成事情繼續許諾、繼續推進，雖然許諾出去了，但這樣許諾的虧損是期貨性虧損。

「我們公司最講誠信。」這句話聽起來就讓人「恐懼」，企業的誠信問題已經到了很嚴重的地步，但是很多企業管理者還堅持這樣冠冕堂皇的論調，從沒有為此「心痛」過，而且很少有人能夠「痛改前非」。因此，造成如今誠信嚴重匱乏，而且越來越令人擔憂的現狀，令我們聽到這句話時，就彷彿感覺本段開始的那句話錯了一個字——「我們公司最缺乏誠信。」當然，這也是很多企業發展迅速，但是其倒閉也異常迅速的重要原因之一；「你放心，我不會虧待你的。」起初聽到這句話，很多職場的有志之士都會很興奮，但是久而久之，或到了年底才發現，很多管理者說這句話時錯了一個字：「你放心，我會虧待你的。」企業人才流失，跳槽頻繁，這個原因所占的比例很大；「我們是一家負責任的公司。」很多企業的管理者在公眾場合都會這樣標榜自己，但是看看他們如何對待自己的員工，看看他們如何對待自己的供應商，再看看他們如何騙取前來比稿的設計方案，我們就知道他們說這句話時刻意遺漏了一個字：「我們是一家不負責任的公司。」

企業的管理者如能以信為本，對自己說過的話負責，就會很快贏得員工的愛戴和支持，進而形成一股強大的凝聚力；反之，如果主管首先不講信用，說過的話不算數，那企業的凝聚力就會日漸渙散，企業績效就無法搞好。在講信用方面，企業管理者應該帶頭起表率作用，千萬不能「說了不算」。

企業領導者一定要記住：諾言是必須信守的，不管諾言是在何種情況下許下的都一定要信守。即使是在迫不得已的情況下許下的諾言，也不能只當作權宜之計，因為別人只會看重你是否對自己說過的話持有負責的態度這一點。只有以信待人，與員工坦誠相見，任之以事，信之以堅，不為讒言所惑，才能抓住員工的心，力求在現代激烈的競爭中遊刃有餘，成就一番事業。

第五章　懂得維護員工的「面子」

「樹要皮，人要臉。」從某種意義上來講，「面子」就是一張無形的「臉」。而有些管理者卻不分場合給員工難堪，以展示自己的權威。如果你把員工的「面子」不當回事，對方也不會誠心誠意的與你合作。所以，管理者要顧全員工的「面子」。

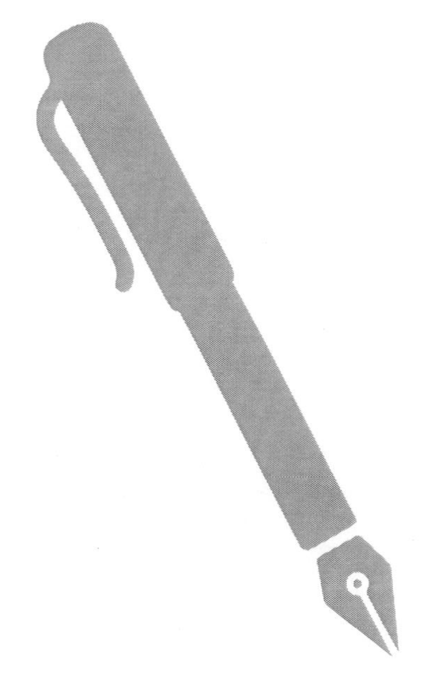

世上沒有人不要「面子」

面子是人們在社會活動中產生的一種典型社會心理現象，魯迅在《說「面子」》一文中，曾借西方學者之口，將「面子」稱為理解「中國精神的綱領」，「只要抓住這個，就像二十四年前拽住了辮子一樣，全身都跟著走動了。」林語堂在《中國人的臉》中也尖刻的指出：「中國人的臉，不但可以洗，可以掛，也可以丟，可以賞，可以爭，可以留。有時，爭臉是人生第一要義，甚至傾家蕩產而為之，也不為過。」可見面子對中國人來說多麼的重要，愛面子是人的一種天性。在傳統思維裡，「面子」總與炫耀、虛榮、比較等貶義詞相聯繫，人們愛講「面子」，為了「面子」可以不惜一切。

曾有一位心理學家做過這樣一個測驗：當他與朋友一起在餐桌上吃飯聊天時，他故意將桌上每一件餐具都往朋友那邊移動，結果本來談話興趣非常濃厚的朋友開始變得心神不定，最終提出了抗議，說他感到了某種壓力。從這個實驗中，心理學家總結道，我們每個人都有一個自我的精神領地，超過了這一界限，就會被認為侵犯和不尊重。譬如說，在一個寒冷的冬天，一個頭髮蓬亂、衣服油膩污垢的流浪漢正在全神貫注的吃東西，他已完全融入到了那種精神世界當中，忘記了周圍的一切。此刻，路過他身邊的一位看他很可憐，衝動的從口袋裡掏出了二十元扔給了他。他很吃驚的看了這個人一眼，好像是剛從夢中醒來一般。他停止了咀嚼，但沒有道謝，只是怔怔的盯著那二十元。無疑這突如其來的二十元打破了他原本的平靜。

從這兩個故事中我們可以得出，每個人都有自己獨立的精神領地和自尊。在人的精神領域裡，一旦有人闖入，他就會感覺自尊受到了侵犯，失了面子。每個人都會為了面子而去保護自己的自尊心，這點是無可厚非的。

第五章 懂得維護員工的「面子」

世上沒有人不要「面子」

一九四〇年代，一位旅美人類學家最早對「面子」進行了學理上的定義，他將「面子」與「臉」區分開來，認為「臉」指的是社會對個人道德品格的信心，而「面子」是由社會成就所獲得的聲譽。無論「面子」大還是「面子」小，人們總希望自己有「面子」。為了追求理想中的「面子」，人們總是努力改善自己的形象，給人一個好印象。「面子」還是人的一種自我意象，良好的自我意象是人在社會互動中維護信心的心理外衣，一個人只有具有足夠的信心才能樹立「快樂工作」理念，以光明思維和積極態度對待自己和他人，並以較好的「精神面貌」出現在工作崗位上，也只有具有這種精神面貌的人才能創造卓越的服務。

「面子」的大小與一個人所取得的成就和所處地位有直接聯繫，此後，另一位先生從社會心理的另一個角度闡述了「面子」的特徵，他指出，「面子」是個人表現出的心理及其行為在特定他人心目中產生的序列地位，即心理地位。除了炫耀、比較這種負面作用，「面子」還有許多積極意義。首先，「面子」是個人積極進行印象整飭的重要內容，是個人追求理想人格之完善的主觀要求的反映。它足以激勵人努力工作，並不斷審視自己，維護良好的自身形象；其次，「面子」也是個體在社會互動中維護信心的心理外衣，維護他人的「面子」還是一種社會交換資源，處於一定社會關係中的人選擇這種方式與他人交往，並在這個過程中顯示自己的權勢、財富、地位進而獲得社會及所屬群體的承認和個人心理上的滿足感，以確保繼續交往中的社會地位。

某企業一名主管的父親病逝了，他自己掏錢買了一個花圈請好友以公司的名義送到家裡。此事在公司傳開後，眾人議論紛紛，有些員工指責公司不關心員工，沒有人情味；有些員工同情他的遭遇，對工作感到無奈；還有些員工認為這位主管太愛面子了，說他是一向喜歡打腫臉充胖子。反思這些想法，暫且不去評價誰對誰錯，其實它反映了企業長期存在的一個普遍性的問題，即怎樣對待員工的「面子」需求。

企業在採取嚴格制度化管理的同時，要及時透過溝通等方式化解員工心中的結，使員工不覺得失去「面子」，在績效考評等方面盡量徵求員工的意見，改變一貫的自上而下的工作方式，培育員工的信心，讓員工「有面子」。

某公司的績效考核，原來每月都是按分數進行考核。今年初，公司主管聽到反映，說那些分數低的員工看到考核結果時，覺得很沒面子，甚至影響了正常的工作。公司主管透過到基層調查、走訪，聽取員工意見，改良了績效排名方式，把績效考核由原來的根據分數排名，變成了每月將員工績效分數按「貢獻」大小來分，共分為傑出貢獻、重要貢獻、特別貢獻、一般貢獻等四類，對於「貢獻」小的員工，基層工會主動幫他們擬定新的改進計畫，使這部分員工很快做出了大「貢獻」，有效保護了員工的生產積極性。

公司的做法維護了這部分員工的「面子」，突顯了「人性」二字，把維護員工權益落實在細節上，使考核既達到監督與激勵目的，又使得員工樂於接受、不產生抵觸情緒，有效促進了各項工作的順利開展。

常言道：其他皆可丟，唯不可丟面子。每個人活在世上，都希望得到別人的尊重，都希望自己在人前有面子。這本是人的一種天性，因為人生下來就有一定的虛偽性。人類的始祖，夏娃和亞當就懂得羞恥，這份羞恥心在某種程度上也可以說是一種愛面子。由此，人類虛偽的一面也是從始祖開始的。

唯有「面子」不可丟

人都是要面子的，無論男人還是女人，無論大人還是孩子，無論地位高低。心理學認為，面子是一種精神需要，是人格的核心。人們需要透過各種表現去展現自己有面子，這並不是一種錯。為了面子，人們學會了虛偽，但這並不是人們自己願意的，因為那是天性使然。就像包裝一樣，可以使不起眼的禮物華麗體面，身價倍增。有人說虛偽就好比是女子需要首飾打扮自己一樣，明明知道沒有實質意義，還要挖空心思費盡周折。

有一位商人對詩人海涅（海涅是猶太人）說：「我最近去了大溪地，你知道島上最能引起我注意的是什麼嗎？」海涅說：「你說吧，是什麼？」商人說：「那個島上呀，既沒有猶太人，也沒有驢子！」海涅回答說：「那好辦，要是我們一起去大溪地，就可以彌補這個缺陷。」

這裡商人把「猶太人」與「驢子」相提並論，顯然是暗罵猶太人與驢子一樣，無法到達大溪地，這話自然傷害了詩人海涅的自尊心，因此海涅才會那樣回覆他，又把他說成了驢子，以挽回自己的面子與自尊。

吉米和鮑伯森原來是一對很要好的同事和朋友，可近來關係卻十分緊張，大有「割袍斷義」之勢。不清楚內幕的人以為他們之間肯定是發生了天大的事情，不然兩個非常要好的朋友無論如何也不會搞成這個樣子。究竟是什麼重要的事情使得他們這樣對待對方？

原來，鮑伯森新近買了一套非常滿意的高檔西服，可是剛穿了一個星期就將一顆關鍵部位的鈕扣弄丟了，惋惜之餘偶然發現整日掛在洗手間的那件不知是哪位清潔工的工作服上的扣子，與自己丟失的鈕扣簡直如出一轍，遂乘人不備悄悄的扯下了一顆，準備將它縫到自己衣服上。他得意的將此「妙計」告訴了吉米。不料幾天過後，很多同事都知道了鮑伯森的這個笑話——吉米竟然在大庭廣眾之下拿這件事跟鮑伯森開玩笑，弄得在場的人都嘲笑鮑伯森，而鮑伯森也因自尊心受到打擊，太沒面子而惱羞成怒，反唇相譏，大揭吉米的許多很令其丟面子的「事件」，於是乎後果可想而知了。

雖然事情的起因只是為了一顆價錢最多值幾分錢的鈕扣，但這件事卻大大的傷了鮑伯森的自尊，讓他在同事面前很丟面子，於是出現了兩人反目成仇的局面。人人都有自尊心和虛榮感，但很多人卻總愛掃別人的興，令對方面子難保，以致兩人當面撕破臉皮，因小失大。由此可見，人的自尊心是不可侵犯的，一旦侵犯，一定會惹來麻煩。

人人都需要有面子，都希望得到他人的尊重。俄國教育家別林斯基曾說過：「面子是一個靈魂中的偉大槓桿」。當人的面子得到了滿足時，他就會心情愉快的去做一切事情，反之，就是不情願的在做事情。

呂慶平大學畢業，之後進了一家報社工作。由於自己一直學習優秀，同時對自己、社會及工作都缺乏正確的認識，既想做出成績又不去努力做好分配給他的具體工作，結果與部門產生很大矛盾。主管和同事們認為他眼高手低，呂慶平卻怪他們不給自己機會。他心力交瘁，還差點走上自殺的道路。

幸運的是，呂慶平的直接主管——一位主任及時看出了癥結所在。當時他看了現代管理學之父杜拉克所著的《卓有成效的管理者》，充分認識到：要用好員工就要先用好他的長處，並多加肯定。於是，他一改原來的做法，盡量少指責呂慶平的缺點，而是多挖掘他的長處，還經常帶他出去單獨採訪，更難得的是：他從呂慶平的不甘平凡中，看到他希望多做挑戰性的選題，就盡量給其提供機會。這樣一來，呂慶平立即感到一種從沒有過的尊重和肯定，他積極調整自己，不讓主任失望，結果很快就脫穎而出。呂慶平二十三歲時，由於報導出色，獲得了相關單位的頒獎。

呂慶平清晰的記得：當我坐在主席台上，聽著主管們說要全社記者向他學習時，不由得熱淚盈眶。

想一想僅僅兩年前，自己還是一個因為總被否定而幾乎自殺的人，現在卻成了大家學習的明星。這是什麼原因呢？除了自己的調整和努力之外，尤其是部門主管給了自己足夠的尊重和肯定，也是最基本的原因之一。那場慶功會已經過去很久了，但當初的情景還歷歷在目。隨著時間的推移，透過對更多人和更多事的觀察，一個基本道理在呂慶平心中變得越來越明確——面子，能讓一個人活出「最好的自我」！因此，我們不僅要學會改善自己、調整自己，以獲得別人尊重，也要學會給予他人更多的面子與尊重。

如果說企業給員工提供了「飯碗」，是「養活」了員工，那麼員工在謀生的同時，為企業創造了「剩餘價值」，不也是「養活」了企業嗎？把「企」字拆開，是一個「人」字一個「止」字。沒有了經營者這個「人」，企業只剩一個「止」，沒有了員工這個「人」，企業也同樣是一個「止」。只有讓員工覺得自己的工作很有面子，企業才會有真正的體面。

在企業管理過程中，如果策略分析不考慮各種利益相關者的面子，策略決策不考慮到管理者的面子，策略執行不考慮員工的面子，那麼策略管理必將失敗。可以說，面子支配和調節著自身的社會行為，企業要提高策略分析的品質就要充分考慮各種利益相關者的面子，利用面子的積極作用來創造價值和財富。其中最重要的是員工的面子，給員工面子就要求善待員工，尊重員工，以提高組織凝聚力。

不使員工難堪

趙江和妻子常因一些待人接物、言談舉止等方面的小事爭吵不休。有一次，她的幾位老同學來看她，為同學倒茶水時，她將一只玻璃杯掉在地上打碎了。趙江隨口說了句：「慌慌張張的做什麼？」沒想到說者無心，聽者有意。客人走後，她和趙江大吵了一場，嫌他當著她老同學的面訓斥她，使她下不了台。還有一次，趙江的一位老同事來到家裡閒聊，她在一旁作陪。當時電視裡正在播放電視連續劇《紅樓夢》，她把劇中賈寶玉的父親賈政誤當成了賈赦。趙江半開玩笑的對她說：「白念了幾年大學，連幾個人名都弄不清楚。」她聽後頓時臉上緋紅，客人剛走，她又和趙江吵了起來，說他當著客人的面讓她難堪，並再三聲明，趙江若再這樣，她就要「以其人之道還治其人之身」了。

經過這兩次教訓之後，趙江才仔細弄懂了一下妻子的心理和自己的過錯：其一，在老同學面前，妻子總希望自己的愛人是一位舉止文雅、尊重妻子的好丈夫，而自己沒有令妻子滿意；其二，自尊之心，人皆有之。妻子有大學學歷，在客人面前，她更在乎自己的言談舉止給別人留下的印象，我的糾正，難免會讓她難堪。從此之後，每當有客人來，趙江都有意約束自己的言行，不再當著客人的面指責、挖苦妻子；不再當著客人的面訴說、議論妻子的過失。妻子非常滿意，誇他變了許多，並對趙江說：「在客人面前，尊重你的妻子，也就等於尊重你自己……」趙江覺得妻子講得很有道理，夫妻相處，理應互相尊重。尤其是在客人面前，不揭對方的短處，應當是和睦相處的一條準則。

松下幸之助說過，「最失敗的管理者就是，員工一看到你，就像魚群似的沒命的逃開。」管理者要像一塊吸鐵石，必須把員工吸附在你的身邊，要做到這一點，不隨便行使手中的權力讓員工難堪，並關心和愛護你的員工會比其他任何辦法都有效。

不使員工難堪

許多年前，在珠海發生了韓國老闆金珍仙恣意踐踏中國工人尊嚴的事件。當時，珠海瑞進電子公司的一位中國女員工因過度疲勞在工作台上打盹。為懲罰這名「違規」的女工，女老闆金珍仙突然讓正在生產線上拼命工作的全體中國員工排隊集合，歇斯底里的要求每個中國員工雙手舉起做投降狀，然後就地跪下，並傲慢刁蠻的聲稱若有一人不從，就罰其餘人「永遠跪著上班」。工人們迫於金老闆的淫威，一個個的跪下了，只有一位名叫孫天帥的小夥子，始終鐵骨錚錚的站著。

孫天帥當時二十四歲，高中學歷，是一個工人。他從勤雜工、裝配工、浸錫工做起，再到技術修理，恰好當天老闆正式提拔他為組長。而他的薪資，也從最初的三百七十元上升到一千三百元，如果當上了組長，那就是一千七百五十元了。說實在的，老闆對他不薄，不僅去年批准他回家探親，而且今年又讓他住進了公司的單人房，享受人事部長一級的待遇。他曾暗下決心，要好好為公司效力，報答這位女老闆的知遇之恩。可這次他決定為了自己和民族的尊嚴一定不能屈服。面對昂然不屈的孫天帥，金老闆氣急敗壞的大吼：「不跪就給我滾蛋！」孫天帥無所畏懼，毅然轉身大踏步走了出去。

後來，不少下跪的工友深感於韓方老闆對工人尊嚴的無視，也紛紛離開了瑞進公司。

人都是渴望被關愛的，我們建立家庭就是這種需求的延續。企業是員工的第二個家庭，每個人的組織生活在他的日常生活當中占據了重要的地位，如果員工在企業裡獲得了重視和關愛，那麼他就會把企業當作自己的家庭，他就會產生一種歸屬感。歸屬感滿足人的情感需求，具有歸屬感的員工會把工作當成分內之事，並對工作持有一種積極努力的態度。要做到這一點，需要我們的管理者在日常工作中不隨意使員工難堪，尊重、愛護員工，把他們看成是企業發展不可或缺的關鍵因素。同時，員工之間也因此能夠互相幫助，並形成彼此之間的真摯友誼。員工被關心，他就會對組織產生歸屬感，就會在心中形成自主的工作動力，這對提升組織效率是非常有利的。

李某是一位二〇〇八年畢業的大學生，出身農家，家境貧寒。在家人省吃儉用的支持下，他從一所

輕鬆做主管 Be a relaxing manager
用「心」管理，不是用「薪」管理

知名院校畢業。因為家中四兄妹就他一個人上了大學，他由此也成了全家人的驕傲和希望。李某畢業後，也迫切希望早日工作補貼家用。但沒有想到，工作並不好找，在四處碰壁後，他在一家化工公司找到一份作業員的工作。

上班之後，李某發現，這份工作又苦又累，而周圍那些同事幾乎都是高中或者高職學歷，這讓從重點院校畢業的李某感到有點失望，心理頗不平衡。不過，他還是盡量認真工作，還經常加班加點。但是，由於他性格內向，自尊心強，所以和主管之間也發生了不少摩擦。沒有想到，李某與主管發生摩擦的事情傳到了廠長白某的耳朵裡，白某立即將李某找去，對其批評教育。主管指出下級缺點，這並沒有不妥。但是，白某下述一番話，卻讓李某感到自尊心受到極大傷害：「你有什麼本事？你一個大學生還不是一個普通作業員，我雖然沒上大學，還不是年薪幾十萬！全公司除了老闆我不能炒，別人我誰都可以炒。」

李某本來就一直憋著火，白某的一番話，更讓他認為這是廠長有意侮辱自己。白某的談話不僅沒有改變他，反而促使他憤然辭職。

卡耐基說過：「人類行為有個非常重要的法則——時刻讓他人感到溫暖。如果我們照著這條法則做，一切就會很和平，而且可以得到很多友誼和永恆的快樂。但是，如果我們破壞了這個法則，就會帶來很多麻煩。」在企業管理當中，也應該注重培養管理者與員工、員工與員工之間這種樸素而又真摯的感情。不需要管理者天天辦慶祝、吃大餐，也不需要刻意的宣傳友愛互助，員工們需要的僅僅是平和的心態、默默的愛意，平時的一句問候、一點關心、一絲祝福，無不包含了人與人之間的純真友誼。俗話說得好，「君子之交淡如水，小人之交甘若醴」，「茅台酒」固然高貴，但在別人口渴的時候，遞上一杯清水，這也許比任何瓊漿玉液都來得純真、來得真切！關心和愛都是樸素純真的，轟轟烈烈的愛情可能轉瞬即逝，而涓涓細流的友誼才能長久、才能真正深入人心。

尊重員工的「面子」

「愛美之心，人皆有之」這是人的一種本能，也是人的天性。美國著名哲學家桑塔耶納曾說過這樣一句話：「美是真，美是理想的表現，美是神的完善之象徵，美是善的感性顯現。」這也就是人們常說的「真、善、美」。這是人們共同的崇尚和追求，同時也是人類社會發展的主流。面子是每個人尊嚴的重要外部表現，任何人都沒有權利去貶抑或傷害他人的自尊，愛面子並非是件壞事，愛美也並非是件壞事，每個人都想讓自己看起來美一點，進而為自己贏得一定的面子，這又何錯之有呢？愛面子並不是壞事，愛面子會使有些看來難辦的事輕易的解決，同時愛面子也是人的天性。每個人都有自己的面子，面子是需要維護的。

奇異電氣公司在一次關於罷免其電腦部門主管的問題上陷入了困境。這位主管是電氣方面的行家，但在電腦部門管理工作中是很不勝任的。如果公司下令解除他的職務，會讓他很沒面子，而且還會在公司上下引起各種難以想像的輿論。而且，他對公司電氣方面貢獻很大，公司不想失去他。最終公司以表彰他在電氣方面的卓越貢獻為名，為他新添了電氣顧問工程師的頭銜，主管之職他自然欣喜的讓出。結果皆大歡喜，還使這位雇員在公司增色不少。

讓你的雇員保住面子是非常重要的，但在實際工作中，人們往往由於不冷靜的處理方法，而無情的剝掉了別人的面子，傷害了別人的自尊。作為管理者的你要深切認識到，在你的企業中，每一個人都是很重要的。儘管他們的工作業績有所差別，但那只是暫時的。管理者在下命令時不妨考慮這樣做，「你認為這樣行得通嗎？」這種建議性的指令方式，將會使你的員工有一種身居某個重要位置的感覺並會對問題產生足夠的重視。

輕鬆做主管 Be a relaxing manager

用「心」管理，不是用「薪」管理

管理者用心經營員工，最重要的就是要用「心」用人。對於管理者來說，他的用人之術就是如何管理好員工。能否成為一個成功的管理者，一方面要有卓越的工作能力和競爭意識，努力使自己的願望變為現實；另一方面則要有高超的駕馭員工的技巧，使每一個員工都人盡其才，才盡其用。

這家酒店是當地最豪華的酒店，曾經接待過許多名流和富人。這家酒店曾破天荒的一次接待了近千名工人，為他們舉辦了一次十分豐盛而熱烈的晚宴。五星級酒店接待幾個工人不多見，一次接待這麼多工人，更是讓人不可思議了。

這些工人都來自一家著名企業。之所以要在這家酒店舉辦這樣的活動，其用意在於該公司要讓部門的普通勞動者——工人們，充分領略一種尊嚴，並因此感受到人生的幸福與美好。從公司創辦開始，就強調對部門的普通員工採取既現代化又人性化的管理。這些員工絕大多數來自農村，在強化現代管理的同時，部門也很注重對他們文明禮儀和素養的培養，「每天刷牙一次」、「飯前便後必須洗手」到「每月洗澡幾次」，都成為員工的行為規範……為什麼要這麼做呢？企業的理念是：「要讓我們每個員工成為最有面子的人。」這種產業化和人性化結合的管理，使許多員工都得到了很大的進步，也為企業的發展創造了奇蹟。

公司照例要進行一年一度的耶誕節慶祝活動。大家提出了很多方案，但都被一一否定了。最後，公司決定到酒店，為來自各地的工人們，舉行一場史無前例的晚宴和慶典活動！大家期望的年度活動和聖誕晚宴終於來到了。當近千名工人進入五星級大酒店時，都流露出不敢相信的神情，有的還發出輕聲的驚呼。當他們坐在豪華餐廳的桌子前，享受著美味佳餚和彬彬有禮的服務時，這些一輩子都在做苦力的勞動者們，一個個露出驚喜而滿足的神情。享受了豐盛的酒宴後，就是熱烈的慶典活動。許多工人踴躍發言，坦露自己激動的心情：「我做夢也沒有想到，我們這樣的人，能一起到五星級酒店狂歡。」「老闆和部門這樣尊重我們，比給我們錢更讓我們感到幸福和自豪！我們一定要做得更好，以回報部門和社會！」這也是一個讓酒店的管理者和員工永遠難忘的耶誕節。因為一次接待這麼多工人史無前例，在這次活動開始前，酒店的主管也曾有過擔心：這麼多的工人，能遵守酒店的禮儀嗎？要知道：這可是高檔人士入住的地方，萬一弄得不好，不僅公司會丟臉，酒店也會砸招牌啊！但是，活動開始後他們看到，原來所擔憂的不文明現象根本沒有出現。整個宴會自始至終沒有一個人大聲喧嘩，更沒有一個人亂彈菸灰，當然也絕對沒有一個人隨地吐痰。員工們的舉止既不拘束也不做作，反倒熱情而自信。在服務員為他們上菜時，不少員工還不時的道一聲「謝謝」。

那次活動，在公司的發展歷史上具有里程碑的意義。員工們不僅更加熱愛工作，也更加善待同事、客戶和所有的人。從那以後，公司每年的慶典活動都以同樣的方式舉行。

在人性中，自尊心是一種高尚純潔的心理品質。每個人都具有自尊心，都希望得到他人特別是管理者的尊重。自尊心是人的潛在精神能源，是人前進的內在動力。東方人所謂的「尊重」主要是給面子，不要傷面子；而西方人所謂的「尊重」，主要是實事求是的承認個人的價值，而不是給面子。企業主管應該放下官架子，以平等的身分尊重員工的優點，並寬恕他們的缺點，尊重員工特別是有獨立見解的「不同聲音」，廣泛的傾聽員工的意見，讓他們的自尊心得到滿足，進而激發其「不負使命」的責任感和工作的積極性。如果企業員工處在恐嚇和歧視的壓抑下，他們的自尊心和生命價值得不到新生和滿足，就會產生自暴自棄、畏縮不前的不良情緒。所以，在現代企業管理中，充分的尊重每一位員工的面子是壓倒一切的企業主體。

給足狂妄自大員工的「面子」

每一個人都有自尊心，即使他們是在犯錯的情況下。別以為他們錯了，你就可以隨意的數落他們。須知，在自尊和人格上每個人都是平等的，你如果不顧及員工們的自尊，把他們逼急了，他們也會反過來刺傷你的自尊與尊嚴。揭人隱私是最傷人自尊心的一種形式。每個人都有不為人知的隱私，在他過去的生活歷程中，他也許曾犯下錯誤，甚至做過不光彩的事情。如果你知道內情，在你的員工犯錯誤或和你有不同意見而出言頂撞你的時候，你將會怎麼辦呢？是趁機揭人隱私，還是只是就事論事？聰明的管理者是不會把別人過去的不堪之事一股腦的抖出來的，如果這樣做，那就太不聰明了。

有的員工仗著自己「才高八斗」，就目空一切、恃才傲物，誰都看不起。讓人頭痛的是，他又有一手絕活，公司缺不了他。在這種狀況下，管理者只能給這種員工一個滿足其自尊的面子，並學會與他和諧相處。

一個人狂傲未嘗不可，有時候，狂還是一種優點。但是，太過狂妄就不太好了，狂大之中帶有妄想，或許這種人是個人才，但他卻自命不凡，以為自己是曠世之才，前無古人後無來者。如果一個員工狂妄到這種地步，卻又不能開除他，那真是讓管理者頭痛萬分。

大凡恃才傲物的人都有如下特性：把自己看得很了不起，覺得別人都不如他，大有「捨我其誰」的感覺；說話一點也不謙遜，甚至常常話中帶刺，做事也我行我素，對別人的建議不屑一顧；自命不凡，卻又好高騖遠、眼高手低，即使自己做不來的事，也不願交給別人去做；性格怪異的自戀狂，聽不進也不願聽別人的意見，不太和別人交往，凡事都認為自己才是對的，對別人總是持懷疑態度。要跟這種員工相處，必須先掌握他們的心理，然後採取有效的方法。

一是要用其所長，切忌壓制、打擊或排擠他。狂傲的人，大都有一技之長，否則，根本就沒人願意理會他。因此，你在看到他不好的一面時，一定要耐心的與他相處，要視其所長而加以任用，絕不能因一時看不慣就採取壓制的辦法。這樣，只會讓他產生一種越壓越不服氣的叛逆心理，當你需要用他的時候，他就可能故意拆你的台或扯你後腿。因此，萬一你碰到這種人，就要想想劉備為求人才三顧茅廬的故事。畢竟你是在為自己的利益著想，而不是為了別人的利益忍氣吞聲，因此，在這種人面前，即使屈尊一下也不算太大的損失。

二是有意用他的短處挫挫他的傲氣妄念。狂妄自大的人雖然在某些方面、某個領域內才能出眾，但仍有他的不足和缺陷。因此，你也可以利用這點來讓他看到自己的不足，讓他自我反省，減少他的傲氣。譬如：安排一兩件做起來相當吃力，或者估計難以完成的工作讓他做，並事先故意鼓勵他：「好好做，失敗也沒關係。」如果他在限定的時間內完成不了工作，你仍然和顏悅色安慰他，那麼他就一定會意識到自己先前的狂妄是錯誤的，並會加以改正。此外，狂妄自大的人，往往對自己說過的話不負責，信口開河說自己樣樣都行，其實他的特長只有一兩個方面。領導者不妨抓住他喜歡吹噓的弱點，對他說：「這件事情全公司人都做不來，只有你才行。」而給他的工作，恰恰是他陌生或做不好的事情，他遭到失敗是預料之中的事。失敗之後，同事肯定會嘲諷他，令他難堪。這時你要安慰他，不要讓他察覺你是故意讓他出醜，這樣一來，他就會服服貼貼。雖然不可能改掉狂傲的脾氣，但你以後使用他的時候就順手多了。

三是要以大度容他，給他面子。狂妄自大的人總是認為自己了不起，做什麼事都漫不經心，以表現自己是多麼厲害，隨隨便便就可以把一件工作做好，這種心態常常會把事情搞砸。這時候，你千萬不可以落井下石，相反，要給他面子並幫他分析錯誤的原因。這樣一來，他以後在你面前就不會傲慢無禮了，並會用他的特殊才能來幫助你完成工作。

著名戰鬥機飛行員胡佛經驗豐富，技術高超。在漫長的試飛生涯中，十分順利的試飛了很多種機型。有一次，他又接受命令參加飛行表演，完成任務後他飛回機場，途中飛機突然發生故障，情況十分緊急，飛機的兩個引擎同時失靈。他憑著多年的經驗，臨危不懼，果斷、沉著的採取了對應措施，奇蹟般的把飛機停降到飛機場。

飛機降落後，他和安全人員一起檢查飛機出事的緣故，發現造成事故的原因是油用錯了，他駕駛的是螺旋槳飛機，用的卻是噴氣機用油。負責加油的機械工嚇得面如土色，見了胡佛便痛哭不已。因為機械工一時的疏忽險些造成飛機失事和飛行員的死亡。胡佛並沒有對他大發雷霆，而是放下自己是個高級飛行員的身分，上前抱住那位內疚的機械工，真誠的對他說：「為了證明你做得好，我想請你明天繼續幫我做飛機的維修工作。」這位機械工後來一直跟著胡佛，負責他的飛機維修。以後，胡佛的飛機維修工再也沒出過任何差錯。胡佛給了那個機械工面子，讓他有悔過的機會。同時他也在給自己面子，這樣他才會更受同事們的敬重。

有些管理者雖然不會把員工的隱私抖出來，卻常常把它當做籌碼來壓制員工。譬如，在盛怒的時候會說：「你少跟我鬥，你過去的汙點底細還在我手中呢！」可憐的員工會因為的確有污點掌握在別人手中，只好忍氣吞聲。但他心裡卻是非常氣憤，這種心情累積到一定程度，就會出現互相攻擊對方隱私的情況。當彼此都把對方的隱私抖出來，弄得兩敗俱傷時，除了引來一大堆人圍觀看戲之外，對誰都沒有好處。因此，你要清楚，揭人傷疤是最糟糕的行為。每個人都難免有不願提及的往事，更何況，工作是工作，又何必牽扯到個人的隱私呢？也許有人會說：「我並不是喜歡揭他的傷疤，但是，他的態度實在太惡劣，我忍不住才這麼做的。」這話乍聽之下似乎有道理，但實際上只能說明你胸襟太窄。

在態度惡劣的員工面前，可以採取兩種方式：一是不理他，二是狠狠的教訓他一頓。如果的確有必要借助揭過去的污點教訓他的話，最好採用暗示的方法，說：「過去的事情我在此就不多說了，你自己心裡明白。」這種點到為止的方法，通常會對態度惡劣的員工起警惕作用。為什麼舊事重提會引起員工們的厭惡和反感呢？這是因為無論是什麼人，都不願意別人揭自己的舊傷疤，所以當別人舊事重提時，憤怒就油然而生了。這樣一來，他不但從此不再信任你，而且會處處提防你，視你如仇敵。

不要只當主管不做「人」

俗語說：「樹有皮，人有臉。」所謂的臉，就是一個人的自尊。管理者在批評員工時，一定要注意不能傷害員工的自尊心。當然，不同的人有不同的性格，對於批評，每個人自尊心的敏感程度也不一樣，因此要視不同情況，採取不同方式批評。

對那些自尊心較強和敏感的人，你要盡量小心說話，對他們所犯的錯誤點到即止；對於那些臉皮比較厚的人，語氣則可以適度加重些，如此才能使他們意識到所犯錯誤的嚴重性。

傷害別人自尊是最愚蠢的行為，因此，一般人不會這麼做，但是，在情緒不好或是發怒的時候，就難以控制了。譬如，你看到員工犯了一個錯誤，也許並不那麼在意，但是心裡一煩，就隨口罵了一句：「笨豬！」結果會是什麼呢？堅強一點的員工也許不作聲，只在心裡默默的回罵，懦弱一點的員工也許就含著淚水離去。為什麼簡簡單單的兩個字會造成這樣的結果？原因非常簡單，因為你傷害了別人的自尊心。

美國加利福尼亞洲的一家鋼鐵公司出現了令人頭痛的員工蓄意怠工現象。老闆心急如焚，他又給員工加薪，又給員工授權，可是沒有絲毫激勵效果。情急之下，老闆請來一位管理專家，讓他幫忙解決這個棘手的問題。這位專家來到公司後，不到一個小時就找出了問題的根源。當老闆對這位專家說：「好吧！讓我們在廠裡轉一圈，你就會知道這些骯髒的懶蟲們出了什麼毛病！」聽了這句話後，專家立刻就知道毛病出在哪裡了，他說：「不用看了，我已經找到答案了。」他開出的「藥方」很簡單：「你們所需要的，就是把每個男員工當做紳士一樣對待，把每個女員工當做女士一樣對待。這樣做了，你的問題很快就會解決。」

老闆對專家的建議半信半疑，甚至不以為然。專家說：「誠懇的試上一星期吧。如果沒有效果或不能使情況好轉，你可以不用付給我報酬。」老闆點點頭同意了。十天以後，該專家收到一張支票並附有一張紙條，紙條上寫著：「萬分感謝，詹姆斯先生。你會認不出這個地方了，這裡有了奮發向上的熱情，有了和睦共處的新鮮氣氛。」

尊重員工人格是人性化管理的必然要求，只有員工的私人身分得到尊重，他們才會感到真正受重視、被激勵，對工作的熱情才會真正發自內心，才願意和管理者打成一片，站到管理者的立場，主動與管理者溝通想法探討工作，完成管理者交辦的任務，甘心情願為企業的發展付出。員工的人格一旦受到尊重，往往會產生比金錢激勵大得多的激勵效果。

日本著名管理學家士光敏夫在《經營管理之道》一書中明確指出：「今後的管理者，他們將是提出希望的人而不是命令者，是給人幫助的人而不是統治者，是具有同情心的人而不是批評者。」

在電影明星洛依德正紅時，在他身上發生了這樣一件事：一天，他開車到檢修站修理汽車，接待他的是一位年輕女工。這位女工容貌美麗、手腳敏捷，一直認真仔細的檢修車輛，幾乎連看都沒看他一眼。洛依德納悶了，整個巴黎沒有人不知道他，但這位女孩卻沒有表示出絲毫的驚異和興奮。於是他禁不住問道：「您喜歡看電影嗎？」「當然喜歡，而且還是個影迷。」她手腳敏捷，很快就將車子修好了：「您可以開走了，先生。」而他卻依依不捨：「小姐，您可以陪我去兜兜風嗎？」「對不起！我還有工作要做。」「這同樣也是您的工作，您修的車最好親自檢查一下比較好。」「那好吧，是您開還是我開？」「當然我開，是我邀請您的嘛。」車行駛得很好。這位女工說道：「看來不會再出現毛病了，請讓我下車好嗎？」「怎麼，您不想多陪陪我？我想再問您一遍，您喜歡看電影嗎？」「我剛才已經說過了，喜歡，而且是個影迷。」「那您不認識我？」「怎麼會不認識呢？看到您的第一眼就認出您是當代影帝阿列克斯·洛依德。」「既然知道我是誰，為何還那麼冷淡？」「不！您錯了，我沒有冷淡，我一直很尊重你，只是沒有像別的女孩子那樣狂熱。您有您的成就，我有我的工作。您來修車，那就是我的顧客，如果哪天您不再是明星了，再來修車，我也會一樣的接待您。人與人之間不應該是這樣嗎？」女工的一席話使他沉默下來了。在這個普通女工面前，他意識到了自己的淺薄與虛妄。「小姐，謝謝！您使我想到應該認真反省一下自己的價值。好，我馬上將您送回去。」

松下幸之助就深知「人格化管理」的重要，他指出：在管理中，「最重要的是尊重他們的獨立人格，無論提出問題也好，還是交付任務也好，我總是避免用命令的口氣對他們說話。我們必須尊重他們的自尊心，也要敬重他們所代表的傳統。」松下幸之助先生的管理理念值得借鑒：他自認為能力不足，經常向員工求助。請求他們提供智慧。他經常對員工說，「我做不到，但我相信你們能做到」。因而他要求管理者必須經常做「端菜」的工作，當然並不是要管理者真的親自去為員工端菜，而是要尊重員工，對員工心存感激之情，這樣會使員工覺得被重視、受尊重、滿足了他人格受尊重的需要。因為激發出了員工內心對企業的親和力，因而他們會更加努力工作來回報公司。

管理者在管理員工或者與人互動的時候，能否取得預期效果，關鍵不在於你自己的動機或出發點有多麼「高尚」或者「正確」，關鍵在於你批評或者互動的相對人（即員工）的感受。如果他的感受是「消極的」、「負面的」，那麼你的批評行為就只會收穫相反的結果。有位網友曾發帖描述「他們後來都跑掉了。他們說我不是一個好主管，整天就知道抱怨。」這句話恰恰說明他太「自我」，還不太懂得批評人要想有效，首先要注重被批評者的內心感受這個所謂的「大道理」。更為要命的是：逼走了那麼多員工之後，他還覺得問題不在自己，只在他人，因為他自己說，「天地良心，我是一個心態非常積極、從不怨天尤人的人，經歷過各種打擊而此心不改。所以，他們的離職對我不是什麼壞事，我只是對他們的前途感到擔憂。」

管理者要有效的批評別人，讓別人接受你所指出的缺點，是需要明白一點「大」道理的。而其中最大的道理就是：你要從真心幫助對方進步的角度出發、用不失對方自尊的、能夠給對方帶來積極情緒體驗的方式，至少不能是消極的情緒體驗，來給出你的批評、你的回饋。

就是為了爭個「面子」

面子有很多層面的內容，被人看得起叫有面子，替人說情成功了叫有面子，做事做成了同樣是有面子，甚至過去被官府抓了很快被放出來也是有面子。最重要的，面子是有等級的，不同等級的人，面子的概念是不同的。面子也是有運用範圍的，如果一個人的面子可以遮住有權施加懲罰的人，那麼羞辱就不容易落到他的頭上。一般說來，等級高的人面子大，遮蔽範圍大，等級低的人面子小，遮蔽的範圍也小。無論面子大小，只要傷及面子，總是令人難堪的事情，往往比肉體的傷害更加令人不舒服。

面子是每個人都渴望擁有的，有面子才能被別人看得起。「人爭一口氣，佛爭一炷香，」尤其在當今社會，「面子」問題更是非同等閒。在人們的心目中，面子就是尊嚴和分量的代名詞，是萬萬丟不得的。

有一位不出名的青年畫家，住在一間狹窄的小房子裡，以畫人像謀生。一天，一位有錢人看到他的畫非常細緻，很喜歡，於是就請青年畫家幫他畫一幅像，雙方約好酬勞是一萬元。一個星期後，青年畫家將像畫好了，有錢人依約前來拿畫。此時有錢人心裡有了歪念，欺負他年輕又未成名，不肯按照原先的約定付給酬勞金。有錢人心中打著如意算盤：「畫中的人是我，這幅畫如果我不買，那麼絕對沒有人會買。我又何必花那麼多錢來買呢？」於是有錢人賴帳，他說最多只花三千元來買這幅畫。

畫家沒想到有錢人會這麼說，這是他第一次碰到這種事，心裡不免有些慌。他花了許多唇舌，向有錢人講道理，希望這個有錢人能遵守約定，做個有信用的人。「我只能花三千元買這幅畫，你別再囉嗦了。」有錢人認為他居上風，「最後，我問你一句，三千元，賣不賣？」青年畫家知道有錢人的意圖，心中憤憤不平，他以堅定的語氣說：「不賣。我寧可不賣這幅畫，也不願受你的侮辱。今天你失信毀約，將來一定要你付出二十倍的代價。」「笑話，二十倍，是二十萬啊！我才不會笨得花二十萬去買這幅畫。」

「那麼你等著瞧好了。」畫家對悻悻然離去的有錢人說道。經過這一事件的打擊，畫家離開了那個傷心地，去別處重新拜師學藝，日夜苦練。皇天不負苦心人，十幾年後，他終於闖出了屬於自己的一片天地，在藝術界成為知名人物。而那個有錢人離開畫室後，第二天就把畫家的畫和話忘記了。直到有一天，他的好幾位朋友不約而同來告訴他：「有一件事好奇怪哦！這些天我們去參觀一位成名藝術家的畫展，其中有一幅畫不二價，畫中的人物跟你長得一模一樣，標示價格二十萬。好笑的是，這幅畫的標題竟然是——賊。」有錢人一聽彷佛被人當頭打了一棒，想到了十幾年前的畫家。他一想到那幅畫的標題竟然是賊，就感覺對自己的傷害太大了，他立刻連夜趕去找青年畫家，向他道歉，並且花二十萬買回了那幅畫。畫家憑著一股不服輸的志氣，讓有錢人低了頭。這個年輕人名叫畢卡索。他憑藉自己的志氣為自己贏得了面子。

許多時候，面子和臉就像孿生兄弟，不分彼此，爭了臉，就有了面子；同時，贏得了面子，也就露了臉。許多時候，面子和臉又涇渭分明，各司其職，讓人生出迷惑；有人藏起臉來以面子去做事，竟能一路暢通；有人厚著臉去乞討「給個面子吧！」亦無往而不勝。因此，不同身分、不同性格的人對於面子的理解和維護必然各不相同。粗魯之人髒話連篇方顯本色，文雅之人不小心帶出一句不潔之言便失了大面子；普通百姓買菜時的斤斤計較那是善理財會過日子，「大人物」階層偶爾露出涼鞋裡雪白襪子側面的一丁點小洞都要臉紅耳熱汗流浹背尷尬不知所云。人貴有自知之明，不要命的人有之，但「不要臉」的超俗灑脫者卻少見。

當年，漢人因為習慣並安於刀耕火種，故而屢受崇拜狼的匈奴人欺負，並嘲笑漢人這麼這麼不行，那麼那麼糟糕，還聲言要吞併漢人天下，讓漢人做匈奴的狗。這讓剛剛做了皇帝的劉徹很沒面子，假如劉徹不愛面子，那麼匈奴的鐵騎就會很快踏遍中原，然後興高采烈的改朝換代，天下的漢人從此被他們奴役，當牛做馬。然而，這位新天子是個愛面子的人，匈奴的叫囂傳到他的耳朵裡後，他火冒三丈，雷霆大發，覺得太有損於他天子的面子，讓他在眾大臣乃至天下人面前抬不起頭來。為了挽回面子，他開始擇將招兵，向匈奴發起進攻。為了面子，他的軍隊與匈奴連戰多年，匈奴被打得落花流水，四處逃竄，最終落得了年年要向漢人進貢的下場，漢人從此安居樂業。大漢朝廷因此聲震世界，成為那個時代最強大的帝國之一。從劉徹的身上我們可以看出，愛面子無論如何也不能算作壞事，相反，正是由於他的愛面子心理，為他與朝廷贏得了更多面子，也使朝廷因此威震四方。

而今，中國的面子功夫更是日新月異，可與當今高科技領域裡的奈米技術媲美。換句話說，面子的固有定義已經廣泛滲透到各行各業。如開會講規格，請客講排場，會友講闊氣，買賣講品牌等等，不一而足。每個人都愛面子，就連有些廠商也是如此，他們以名人的效應為自己贏得面子，這也是人的天性使然。

「面子」換「面子」

頭可拋，血可流，面子絕不可以丟。愛面子，是中國人特別是中國男人的古老傳統，蓋因爭強好勝本就屬動物的本能之一，雄性尤甚，人豈能例外？再說了，此事不招惹誰，無非是愛一點面子，輪不到別人指手畫腳、說三道四。

秦王故意要趙王鼓瑟，藺相如看見秦王如此侮辱趙王，在這危及國家榮譽和尊嚴的關鍵時刻，藺相如挺身而出，要以死與秦王相拼，逼秦王擊缶，以此來維護國家的尊嚴和榮譽。而對於我們來說，日常生活中的一些雞毛蒜皮的小事，如同事往來中的糾葛、朋友相處的矛盾、同事之間的口角等，這個「面子」就不必大動干戈了。因為爭這樣的面子，一來會影響人際關係，二來給人以小肚雞腸之嫌，讓人瞧不起，反而沒面子。遇到此類「面子」問題時，就要從尊重對方「面子」以維護人際關係的角度來處理，給人「面子」也是給自己「面子」。又如《將相如》的第三個故事，藺相如在澠池會上立了大功，趙王封藺相如為上卿。職位比廉頗高，廉頗很不服氣。於是就想找機會讓藺相如下不了台。可藺相如多次不跟廉頗見面，他避讓廉頗，不是害怕廉頗，而是為了國家的利益，不跟廉頗失和。正是因為藺相如寬容待人，後來廉頗覺悟了。藺相如這樣做，既給廉頗「面子」，也給自己留了「面子」。

「面子」固然很重要，值得每個人全力以赴去維護，但寬容更是一種境界。寬容就是原諒別人對自己造成的不利，寬恕別人不僅給別人「面子」，還是給自己「面子」，寬容，最重要的因素便是愛心。在你給別人「面子」的同時，別人會感激你「大人不計小人過」，他會更加尊重你，同時你在他心目中的「面子」就提高了。

人們常說：「『面子』換『面子』，善用『面子』好辦事。你可以贏得一場戰爭，但未必能贏得真正的和平。你傷害過誰也許早已忘了，但是，被你傷害的人卻永遠不會忘記你。」其實，給別人留個台階，不傷別人的「面子」，不僅是給別人「面子」，也是給自己留「面子」。

據說當年，年薪到百萬美元的人，歷史上只有兩位，其中一位是美國鋼鐵大王卡耐基的助手施瓦布。為什麼卡耐基付給施瓦布年薪一百萬美元即每天三千多美元呢？正如卡耐基親自為他寫的墓誌銘上所說的那樣，他是一位「知道如何將那些比自己聰明的人團結凝聚在身邊的人。」也就是說，施瓦布是一位善於給別人「面子」，以「面子」換來「面子」的人，也正因為他這種「面子」換「面子」的行為，換來了那些為他打天下的人。

有一天中午，施瓦布從一個鋼鐵廠走過，看到幾個員工正在生產線裡吸菸，並且，那塊「嚴禁吸菸」的大招牌正好就在他們的頭頂上。施瓦布朝那些人走過去，但他沒有像一般人那樣指著那塊牌子對他們說：「你們站在這裡抽菸，難道你們都是瞎子嗎？」而是友好的給每個人遞上一支雪茄，說：「孩子們，如果你們能到外面去抽掉這些雪茄，我將十分感謝。」那些吸菸的人立刻發覺到自己錯了，同時，他們也對施瓦布產生了敬意，因為他沒有簡單粗暴的斥責他們。在糾正錯誤的同時，並沒有傷害到他們的自尊，而是給他們留了一個台階。這樣的主管，誰願意與他作對，不努力去工作呢？

上司讓員工保住了「面子」，員工也給上司「面子」，把自己的工作做得更好，這也正是以給別人留台階下，進而留住自己的「面子」，以「面子」換得「面子」的效果。人活臉，樹活皮，當你不肯給別人「面子」的時候，想想自己被如此對待的心境吧！所以「面子」是給人看的，越是公共場合，越要多為對方著想，給對方留足「面子」。給別人留「面子」，就是給自己留「面子」！

在一個著名的大酒店裡，一位外賓吃完最後一道茶點，順手把精美的景泰藍筷子悄悄插入自己的西裝內衣口袋裡。服務小姐不露聲色的迎上前去，雙手擎著裝有一雙景泰藍筷子的綢面小匣子說：「我發現先生用餐時對景泰藍筷子頗有愛不釋手之意。非常感謝您對這種精細工藝品的賞識。為了表達我們的感激之情，經餐廳主管批准，我代表本店，將這雙圖案最為精美並且經嚴格消毒處理的景泰藍筷子送給您，並按照老顧客的優惠價格登記在您的帳單上，您看如何？」

那位外賓當然明白這些話的意思，表示了謝意之後，說由於自己多喝了兩杯白蘭地，頭腦有些發暈，所以，誤將筷子插入內衣袋裡。並且聰明的藉此台階說：「既然這種筷子不消毒就不好用，我就以舊換新吧！哈哈哈……」說著取出內衣裡的筷子恭敬的放回了桌上，接過服務小姐給他的小匣，不失風度的向付帳處走去。

這位服務小姐巧妙的指出了對方的錯誤，既為對方留了個台階，保住了對方的面子，同時，也在顧客心中樹立了良好的服務形象，可謂是一舉兩得。那麼管理者為什麼在大眾場合要特別注意給員工留台階，為員工留「面子」呢？這是因為在大庭廣眾場合，每個人都展現在眾人面前，因此都會格外注意自己社交形象的塑造，會比平時表現出更為強烈的虛榮心和自尊心。在這種心態支配下，他會由於你沒給他留「面子」，而產生比平時更為強烈的反感。

「臉」在人們生活中的地位是極為尊貴的，但這裡的「臉」並不是指人們可以看得見的那張臉，而是指看不見，摸不著的臉面，也就是「面子」。這「面子」代表著作為一個人的人格和尊嚴。給別人「面子」，就是給了他人尊重和人格；不給「面子」，就是侵犯了尊嚴。因此，人們向來很重視「面子」問題。

一九二〇年代初，美國福特公司有一台大型發電機不能正常運轉。公司裡的幾位工程技術人員無論怎麼找原因都無濟於事。福特焦急萬分，只好請來德國籍科學家斯特羅斯。

斯特羅斯來到福特公司後，爬上爬下的在電機的各個地方靜聽空轉的聲音，然後用粉筆在電機左邊的一個長條部位劃了兩道扛扛。「毛病出在這裡，」科學家對福特說，「多了十六圈線圈，拆掉多餘的線圈就行了。」技術人員照此一試，電機果真奇蹟般運轉了。大家對斯特羅斯表示非常的感謝。「不用謝了，給我一萬美元就行了！」斯特羅斯說。「天哪！劃條線就要一萬美元？」技術人員大吃一驚。「是的！」斯特羅斯傲慢的說，「粉筆畫一條線不值一美元，但知道該在哪裡劃線的技術超過九千九百九十九美元！」看著傲慢的科學家，福特不僅愉快的付了一萬美元的酬金，並且表示願用高薪聘請他。

誰料，這位科學家毫不心動，他說現在的公司對他有恩，他不可能見利忘義背叛公司。福特一聽，非常佩服這位科學家的忠心，乾脆花鉅資把斯特羅斯所在的公司整個買了下來。這樣做他覺得值。以福特的地位和財勢，竟敢於丟下「面子」忍受斯特羅斯的傲慢和冷嘲熱諷，這是因為福特清楚成大事者必須以人為本，而斯特羅斯就是他取得更多財富的無價之「寶藏」。為了留下這座「寶藏」，福特竟然花鉅資買下了他所屬的公司。

我們經常說「面子」是別人給的，如果你不寬容待人，別人怎麼會給你「面子」呢？有些管理者為了讓自己更有「面子」，就故意裝清高。其實，效果卻與之相反，他們不知道能夠寬容待人才最有「面子」。寬容待人是一種美德，是一種思想修養，也是人生的真諦，你能容人，員工才能容你，這是管理的辯證法則。

不要隨意踐踏他人的尊嚴

某著名主持人和一位著名畫家參加一個活動，活動快開始了，門外還站著一堆人，場地經理說為了安全，不能讓每個人都進來，而會場裡面的空間還多的是。於是，畫家出去交涉，要求放人進來，主持人則請前排觀眾一齊挪椅子，好騰出位置讓其他人有地方站。正當大家動手搬坐椅之時，現場的保全人員突然用手按住站起來的觀眾，同時大喝：「做什麼！通通不許動，回去！回去！」態度相當粗暴。不論如何解釋，他們都充耳不聞。

幾天後，主持人在一家餐館吃晚餐，去洗手間的時候路過一間房門半開的包間，裡頭傳出陣陣怒吼。他本能的慢走幾步，只見房裡一位喝紅了臉的人正在痛罵一個低著頭的服務生，他叫道：「我這身衣服你賠得起嗎？你老闆還得叫我大爺呢！你這××渾蛋！」

透過親身經歷的這兩件事，主持人寫下了這樣一段評論：「弱者飽遭欺凌，並不表示欺人的強者就因此得到尊嚴；恰恰相反，尊嚴與『面子』是人際的舞蹈，任何一個剝奪他人尊嚴的人，都不可能是個體面的君子。」

儘管這只是兩件小事，但卻讓人非常觸動，因為類似的事情，經常發生在我們身邊。我們不能說一個保全多麼有權有勢，但這恰恰引起了我們的深思：很多人，哪怕手中握有一點點權力，就可以置別人的尊嚴於不顧。哪怕一個保全，都可以利用自己那點小小的權力，粗暴的對待觀眾，完全不顧觀眾的「面子」和感受，那麼又何況一些真正有權有勢的人？

這怎能不給所有人提一個醒：善待自己手中的權力和地位，不要隨意踐踏別人的尊嚴。當那位覺得自己很有錢的「大爺」當眾羞辱一個服務員的時候，他也許並不知道，真正丟臉的不是那位服務員，而

輕鬆做主管 Be a relaxing manager
用「心」管理，不是用「薪」管理

恰恰是他自己。因為一個不懂得尊重別人的人，不配獲得別人的尊重。所以，無論什麼時候，即使自己擁有地位、權力和金錢，也要時時提醒和檢點自己的行為，不要隨意踐踏他人尊嚴。因為踐踏別人的尊嚴，其實也就是在讓自己的尊嚴掃地。

有位首屈一指的億萬富豪名叫魏連成，仗義疏財的他對生活貧困的妻姐一家呵護有加，妻姐及外甥王會明多年來一直對他感恩戴德，把他奉為全家的恩人。然而，讓人萬萬沒有想到的是，二〇〇六年六月三十日，多年仰仗姨丈的外甥王會明，卻手持尖刀闖入魏連成的家中，殘忍的在姨丈背部、胸部連刺數刀，致使姨丈當場失血性休克死亡！

為什麼會發生這樣的悲劇呢？原來，財大氣粗的魏連成在幫助王家的同時，也對王家人頤指氣使。他借錢給外甥王會明家開店，但卻要王會明的父親道歉，說他為什麼一個大男人還養活不了一家人；當王會明做生意虧本後，魏連成雖然幫他還了二十萬元欠款，但卻狠狠的打了他一耳光；他幫助王會明進自己的公司工作，卻粗暴干涉他的自由，甚至連他談戀愛都要干涉……凡此種種，讓王會明覺得飽受屈辱。他覺得活在姨丈的陰影下，實在喘不過氣來，於是，在激憤之下，王會明最終將「屠刀」揮向了自己的「恩人」。

毫無疑問，王會明殺人是絕對不應該的，說他「恩將仇報」也絕不為過。但是，我們也可以想像，原本老實守本分的王會明，在做出這樣一個在別人看來違背常理、沒有人性的決定之前，內心曾有過怎樣的掙扎和糾結。如果不是長期忍受壓抑、覺得自己的尊嚴被踐踏，他不可能走到這一步。

「爭天下必先爭人，爭人必先爭心。」給人尊嚴並不需要花什麼錢，卻是最「值錢」的管理之道。當每個團隊成員都能得到最大尊嚴，就會獲得超凡的向心力與戰鬥力，就能打造一支無敵的團隊。

「中國鞋王」奧康集團從三個人開始，發展為一個擁有兩萬多人的企業，其重視員工「面子」的行為，十分值得人們借鑒。僅舉一例：奧康的八個總監，基本上都是三十歲左右的年輕人，個個幹勁十足。當問到他們為什麼對工作這麼有熱情時，他們異口同聲的說：「尊重，我們在這裡受到空前的尊重，不僅事業上尊重我們，連日常的小事都展現出王振滔總裁對我們的尊重。」行政總監周威講述了一件特別讓他感動的小事：

奧康集團曾請來香港著名影星李嘉欣做代言人。在召開新聞發布會時，大家看到明星出現在自己的身邊，都想去和她合影。周威也去和李嘉欣合影留念，兩人已經站好，就在攝影師準備按下照相機快門的時候，突然，站在旁邊笑瞇瞇觀看的王振滔大喊了一聲：「哎！等一下！」攝影師的手停在了那裡，大家也都疑惑的看著王振滔，不知道他要做什麼。只見王振滔快步走到周威面前，幫他整理了一下領帶。原來，周威的領帶因為忙了一上午，有些亂了。王振滔看見了，就幫他把領帶弄平，以留下最好的合影。後來，周威回憶，當老闆幫他整理領帶的時候，他整個人都被這突如其來的體貼所打動，在他來奧康工作之前，根本就不能想像這個世界上還會有老闆親自幫員工整理領帶。他說：「就衝著整理領帶的這個動作，我也不能辜負了這樣的老闆，一定要在奧康做出些成績來。」

周威的話說出了許多員工的心聲。在許多人的印象中，好像老闆就是要關心大事，但是員工恰恰是從點滴小事看出了你對他的在乎與尊重。

任何管理者都期望自己擁有最優秀的團隊，任何員工也都期望成為最優秀團隊的一員。而打造這種團隊的關鍵，就在於讓每個團隊成員得到足夠的「面子」。正如現代管理學之父杜拉克指出：「偉大的組織就是讓平凡的人，做出不平凡業績的地方。」平凡人之所以能作出不平凡的業績，關鍵在於他能得到最大的尊重與認可，這樣就能激發出他最大的積極性和潛能。

第六章　切忌厚此薄彼

有些企業的管理者往往會不自覺的對一些拍馬屁者產生好感，並「禮遇」有加；對一些有能力而不喜歡吹拍逢迎的實務家型員工給予「差別待遇」。這樣做的結果，必使企業內部缺少凝聚力，自然無以言「團隊精神」。

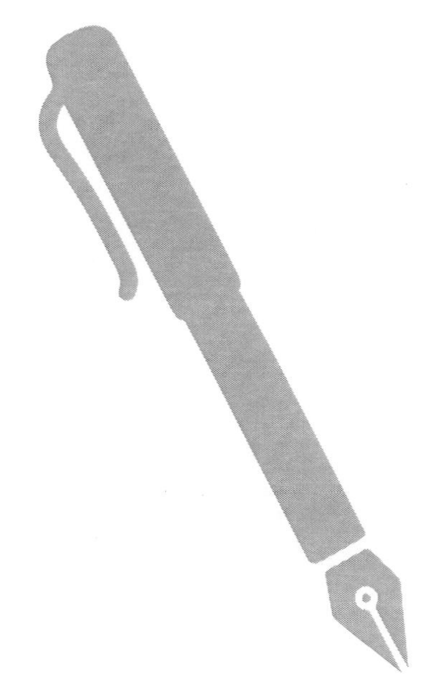

保持公平

幾乎所有的管理者都會否認自己偏心，但每個人又難免不會偏心。不管你承認與否，每個管理者都會以各種可能的方式向他周圍的人發送暗示：哪些人我喜歡，哪些人我不喜歡；哪些人我會重用，而哪些人我不會重用。

每個人心中都有公、私兩種欲望，關鍵是看你如何處理這兩者的關係。公私不分、假公濟私或處事不公的管理者，在員工的心目中是不會具有威信的。公私分明應該是一個管理者處理事情的一個原則、一個標準。唯有如此，管理者才能正己立身，才能有效的管理員工，讓員工信服。

一家大型廣播出版集團的一位管理者，曾講述過一個如何處理那些比較難纏的員工的故事。這個管理者所管理的是該集團比較有影響力的一個企業，他手底下有作家、編輯和畫家。這些人都非常有才華、有創造性並且富有經驗，但是，他們也經常為自己認為不公平的事情大發脾氣。要管理好這些人首先必須有一顆公正的心，其次要有一定的技巧和戰術，而後者是這位管理者最不擅長的。他剛剛調入集團管理層不久，不便於對一些事務發表意見。

幾個月以後，他發現有一個編輯認為分給他的工作太多，而有的人太少，覺得受到了不公平對待，經常在一些重要的編輯方案上磨磨蹭蹭。於是，這位管理者就提出要在近期內看到一些他所編輯的文字。出人意料的是這位編輯聳了聳肩，說了一個不能稱之為藉口的藉口。由於首次出擊就遭受了挫折，這位管理者決定壓一壓那個編輯的銳氣，便用以勢壓人的口氣說：「你必須按照我說的去做，因為你是在為我工作。」沒想到這位編輯回答說：「你想得倒美。我根本就不是在為你工作，我是在為公司工作。你只不過是湊巧被公司安排過來，成了我的上司而已。」管理者把這位編輯隨口說的話再三品味，終於悟出了其中的道理。

如果一個管理者不能公平的對待企業裡的員工，他的權威就會大打折扣，那麼如果員工不是在忠誠的為他工作的話，就說明他在員工的心目中沒有威信，因此，也就談不上對這個員工使用權威。作為一個管理者，你不可能讓所有的人都擁護你，不管出於什麼原因，總會有人恨你，有人懷疑你。有時，即使有些人一開始對你非常支持，忠心不二，但他們隨時可能會收回對你的忠心和支持。這些人，如果他們不支持你的話，那麼他們就會反對你。這位管理者是一個十分聰明的管理者，他設法使自己最終從這種對抗中走了出來。

那麼他究竟是怎麼處理這個問題呢？他這樣說：「如果有人明確的告訴你說，他不是在為你工作，那麼他就是在明確的告訴你，你在他心目中根本就沒有任何位置，他在你和他之間豎起了一道牆。因為他認為，和你在一起工作很不愉快。這不能說完全是一件壞事，從另一個角度來看，也許是一件好事。那位編輯在教我怎麼用智慧或者別的什麼東西來對付他。情況是很微妙的。由於工作關係，我不可能不和他打交道。因為他是編輯，我總得叫他做些什麼。如果這個問題不解決，我對他直接提出要求的話，他總會找到藉口來對抗我。如果我以權力壓他，那麼他可以陽奉陰違，我在他那裡根本沒有什麼權威可言。我應該怎麼辦呢？後來，我終於找到了一個辦法。從那時起，如果我有什麼事情需要那位編輯來做的話，我絕對不會直接向他提出來，也不會讓別人告訴他我希望他做些什麼。我會找一個關係跟他比較好或者是他比較敬重的人，由這個人來向他提出建議或者暗示他應該怎麼做，讓他認為很公平，這都是這個中間人的主意。透過這種辦法，我毫不費力的達到了我的目的。無論如何，我來這個企業不是為了跟別人鬧彆扭的，而是來工作的。只要能夠把工作做好，能不能施展手中的權力倒是次要的。在別人心目中是否有權威也是次要的。畢竟，你不可能讓所有的員工都喜歡你，擁護你，並且忠心耿耿的為你工作。」

輕鬆做主管 Be a relaxing manager
用「心」管理，不是用「薪」管理

公私分明，為古已有之的管理者戒律。對一個企業的管理者而言，公與私是不能同時滿足的，因私必然害公。因私害公的管理者在員工眼中就像跌價的大白菜一樣，毫無威信可言。要想做一名成功的管理者，怎麼用好「私」的時間，即辦公時間以外的時間，才是要講究的。尤其是在一些制度上給予業務員待遇不是很高的公司，銷售管理者也無法改變在物質上的激勵的時候，那麼在「私」的時間，更應當充分使用。比如：在辦公時間嚴厲的批評了某位員工，如果看其有改正的現象。在「私」的時間就要對其好點，與其多溝通。很多銷售管理者做事嚴明，上下分明，儼然給人一種管理者的感覺，其實不妥，人情是要講的，不能對員工的私事不聞不問，整天板著臉。

應該承認這樣一個事實：我們每個人都會有自己的審美觀和價值判斷標準。如果我們都喜歡同一種類型的人，生活就會變得單調可怕。你應允許每個人根據自己的判斷標準來選擇好惡。但作為管理者，你必須尊重大多數人的利益並賦予他們同等的發展機會。你應積極的主張反對歧視，消除偏心。這對你的事業很重要，因為它是凝聚人氣的最好方式。

事實上，每個人都有靈敏的反應力。如果有人在管理者眼裡走紅，而其他人沒有，他們很快就會覺察出來，而爭取一切可能的措施，搞垮那些走紅的人。這樣最終導致的結果是，公司中喪失團結的氣氛，變成一盤散沙。

平等待人、消除偏心並非像我們討論的那樣可以簡單的達到。在盡力去消除偏心時，每位管理者都會陷入這樣一種尷尬的境地：一方面要求管理者客觀，公正，沒有偏心，人與人之間不搞歧視；另一方面，又要求管理者行事要有人情味，否則就會說你喪失人性，是個十足的冷血動物。唯一簡單易行而又能將這對立的二者統一起來的辦法是：將你對公司中每個人的喜歡或厭惡控制在合理的範圍之內，不要超過正當行為的界限。

公平感是組織治理基石

年輕漂亮的關小慧大專畢業後進入一家著名的 IT 集團做了前台，由於完善規範的企業管理、良好的企業文化，加上關小慧的積極主動，讓她很快受到公司職員的認可和尊重，她也把前台這份許多人認為簡單的工作做得非常專業，並且成為公司商務禮儀方面的兼職講師，經常在公司各地的幾十家分支機構講課。她的課程深得集團公司幾百名職員、祕書的歡迎，也得到眾多市場人員的肯定。

不斷取得的成績和認可使關小慧意識到自己不能光做好前台，她很快給自己重新定位，憑藉她良好的人際能力和多次參與大型市場活動的經歷，她想轉行做市場專員，進而成為市場推廣經理、客戶經理等。但她也明白自己沒有這方面的專職經驗，也捨不得離開這家好公司，跳槽是她不願意的。那怎麼辦呢？就在關小慧為難的時候，她在公司內部網上看見市場部在招聘活動企劃專員的消息。公司規定，凡在公司工作滿一年以上的員工都可以在上級同意的前提下應徵這個職位。如果在公司工作超過三年，可以不經過上級同意就去應徵自己滿意的職位，一旦錄取，上級不得以任何理由阻攔。這時，關小慧眼睛一亮。結果不言而喻，關小慧順利的成為一名活動企劃專員，公司的內部技能培訓課程又使悟性極高的她很快掌握了崗位的一般技能。目前，關小慧已經開始企劃一些區域性甚至各地性的市場巡展活動了。

作為一個現代管理者，只有無私才能無畏。相信每個人在工作崗位上，都會對員工採取公平的處理。但是，什麼是「公平」呢？如何判斷自己對待員工是否公平呢？下判斷的要訣是無私，即不考慮自己的利益所在。比如說分配任務。當遇到困難的工作，不要想任用之人成功完成任務後將得到的獎勵或讚譽；也不要因為工作輕鬆又可獲得利益，便想掠奪過來，企圖自己做。這樣的念頭，都會使員工對你的信心大減。因為你的企圖很容易被員工看穿。不論何時，由上往下看，往往不太能知道實情。然而，由下往上看，卻大致能正確的了解一切。就公司的利益而言，你必須從工作的重要性、緊急性等方面綜合判斷，在判斷的過程中，絕不可摻雜絲毫的自我利益。你從工作大局和公司的未來發展情況作出的考慮，就可以光明磊落的著手去做。但是，你必須妥善處理員工之間的爭執。從這層意義上看，你是選擇了艱難的道路。而一個指導員工的管理者，應該經常關懷弱者。然而，付出過多的關懷有時亦於事無補，最好的方法就是做個無私的管理者。

七十六歲的投資大師華倫．巴菲特管理著一個平均年齡七十七歲的高層管理團隊。在管理團隊年輕化的浪潮席捲全球的時候，巴菲特卻很自豪，他管理的團隊已經有六個總裁超過七十五歲，再過四年至少增加到八個。巴菲特一點也不為他的高齡團隊難堪，他說：「教小狗學會老狗的本領不是一件很容易的事。」巴菲特認為他的團隊是深奧冷峻的智慧與鄉巴佬的幽默完美的組合，他確信，「老狗」比「小狗」有更多的智慧和力量。

巴菲特喜歡簡樸、公平的處世之道，盡量規避複雜。他對那些內在邏輯合理的事物存有深深的敬意。他知道他這個高齡團隊每個人的特長，他合理的給他們分配合適的工作。他用很直白的語言表述自己的管理哲學：「自己怎樣揮舞棒球並不重要，重要的是場上有人能將棒球揮動得恰到好處。」他高度評價他的團隊：「伯克希爾的總裁們是管理藝術的天才，而且他們像經營自己的產業一樣用心經營伯克希爾。我的工作是別擋著他們的路，別妨礙他們的工作，找合適的位置給他們，然後就等著去分配他們所掙回來的收入。這是一件很愉快的事。」巴菲特的團隊，儘管年齡很大，但巴菲特有自己的一套用人方法，將合適的人放到合適的位置，即使年齡再大，也有他的特長和優勢，只要公平、合理利用，同樣能發揮出超人的能力。

管理者辦事要公平。公平就是要公正的對待每個人，公平的處理每件事。唯有公道，才有威信。「民不患寡，而患不公」，管理者公平與否直接關係到穩定與發展。管理者公平，人心就順，就能激發熱情，就能調動起積極性，就有向心力。管理者不公就會敗壞風氣，造成人心渙散，自由主義盛行。

公平，說到底就是對人要「平」，辦事要「公」。對人要「平」，就是要平等待人。要全面客觀的看待每個人，多看每個人的長處，多肯定每個人的成績，多幫助每個人進步，多關心每個人的疾苦；對人要「平」，就要平等待人。管理者要放下架子，帶著感情與人相處，打成一片，尊重每個人的人格，以誠相待；對人要「平」，就是要平等用人。發揮每個人的長處，真正在用人上做到能者上、平者讓、庸者下、弱者幫。辦事要「公」，必須做到見利就讓。管理者要淡泊名利，抑制私欲。如果名利思想嚴重，一事當前，先替自己打算，必然會私欲膨脹，辦事就會不公，就會在群眾面前失去信用，讓群眾瞧不起；辦事要「公」，就必須見矛盾就上。管理者幹部要敢於面對矛盾，不斷解決問題。能夠主動解決問題的管理者是一個有魄力、有水準、有活力、有境界的管理者，在群眾中才會有威信，事業才會獲得成功；辦事要「公」，還必須勇於承擔。作為管理者幹部要敢於對失誤承擔責任，同時對失誤進行分析總結，吸取教訓，吃一塹，長一智，把後面的事情辦好。

當員工認為自己在公司裡獲得了公平的待遇，受到了尊重——比如自己的意見受到管理層的注意，或是在宣布一項決策之前，公司向他們解釋了決策制定的過程——這將讓公司從中受益。類似這樣的做法被稱之為程序正義。研究表明，程序正義可以給公司帶來諸多利益，包括讓公司減少法律費用，降低員工的跳槽率，提高盈利能力，促使員工支持一項新策略，培育一種鼓勵創新的文化等。而且，做到程序正義還不需要增加什麼開支。

解除不公平感

一個企業的最小單位是員工，一個企業最大的財產也是員工。一個企業士氣的高低，直接影響了該企業的績效。因而，員工的士氣也是衡量企業績效的主要指標之一。而企業的績效，主要有兩個方面：一是工作的積極性與主動性，二是員工的流動率。沒有哪個企業不關心員工流動率這一問題。那麼員工為什麼要出走？

員工之所以要出走，最大的原因只有一個，那就是「不公平感」。所謂的不公平可分為以下幾種情況。一是收入方面的不公平。例如：與企業內部比，感覺自己做的事與別人一樣，可自己的收入比別人低；與別的企業比，感覺同樣的職務，收入比別人低；與別的公司比，感覺待遇不如別人。二是工作職能上的不公平。如在各方面都差不多的人中挑選一個人培養或任用，其他人便會覺得不公平。三是在業績評價上的不公平，自我感覺良好，卻被評了B級或C級，感覺對方明明不如自己，等級反而在自己之上。凡此等等，不一而足。為什麼會出現這樣的情況呢？

這是因為每個人都有自己的一套評價體系，即所謂的「人人心中都有一把尺」。每個人都會用自己的尺度去衡量受到的待遇是否公平。而每個桿秤的準星都不一致，可能在管理者看來已經很公平合理的方案，在不同的當事人看來卻一無是處。所以，往往是管理者很想做包青天，最終卻四面楚歌，很是尷尬。這其實也不難解釋——管理者與員工掌握的資訊量不一樣。作為管理者，接觸的範圍廣，能掌握絕大多數員工的資訊，並從中作分析比較。而作為員工，接觸面相對較狹隘，僅能作非常有限的比對；管理者與員工的出發點不一樣。作為管理者，要從企業的全域出發，考慮整體的協調。而員工則更多的從自身的角度考慮問題；比對的基準不固定。在潛意識裡，人都有趨吉避凶的本能，一般都會有意無意的拿自己的強項與別人的弱項去比，進而將自己的優點不斷擴大，同時將對方的缺點也不斷擴大。

一旦員工感覺到不公平，一般不會馬上說出來，而是將這種憤恨壓在心裡，並在「疑鄰偷斧」的心理作用下不斷累積和擴大，最終只有兩個後果：一是消極怠工，二是捲鋪蓋走人。可見，「不公平感」的累積和蔓延對企業的破壞性非常之大。那麼如何解決這個問題呢？

首先，要讓大家都用同一把尺去衡量，即將標準統一化，公開化，透明化，並設法讓全體員工掌握和認同。只有採用同樣的標準去衡量，才能從源頭上保證公平。而要使標準統一化，則要廣泛的徵求成員的意見，並使用科學統計的方法成形。

其次，標準一旦確立，就必須不折不扣的執行。一旦出現員工自感不公平的跡象，要及時採取措施消除影響。壞情緒具有極強的感染性，一旦有員工感到不公平，為了尋求心理上的平衡，便會四處找人傾訴，負面的情緒便會蔓延開來。這時候，管理者要透過與當事人的溝通，動之以情，曉之以理，作深入的分析，使之接受自己的意見。同時，採用會議或發文等形式作適當的解釋。

此外，加強對員工價值觀的培育。作為管理者，要給員工客觀的分析當前的現狀並作思想上的引導。一個管理者若能使下面員工的想法與自己的想法一致，那也就不存在所謂的不公平了。

在一次工商界的聚會中，一位老闆對一位成功的管理者說：「我手下有三個不成才的員工，總是認為我分配給他們的工作不公平，做事總是不能讓人滿意，常常出岔子，我正準備找機會將他們開除。」「為什麼要這樣做呢？他們為什麼不成才？」這位成功的管理者問道。「一個整天嫌這嫌那，專門吹毛求疵，找別人的不是；一個整天杞人憂天，老是害怕工廠有事，不安心做事；另一個渾水摸魚，整天在外面閒蕩鬼混，不務正業。」成功的管理者想了想，說道：「既然這樣，你就把這三個人讓給我吧！」三個人第二天到新公司報到。

新的老闆開始給他們分配工作：喜歡吹毛求疵的人，負責管理產品品質，做品管員；害怕出事的人，讓他負責保全系統的管理，做工廠的保全；喜歡渾水摸魚整天在外面跑來跑去的人，讓他負責商品宣傳，做產品活動的業務。三個人一聽，職務的分配和自己的個性正好相符，不禁大為興奮，興沖沖的走馬上任。這些以前被別人瞧不起的人在新企業裡都有了自己的用武之地，他們各司其職，各負其責，發揮出不可估量的作用，使得工廠的效益不斷增加。

這位管理者感言：「作為管理者，你可以不知道下屬的短處，但不能不知道他們的長處。」他相信「人人是人才」，只要給他們安排恰當，他們便會發揮出自己的才能。

著名管理學家喬爾．布羅克納對管理者拒絕實行程序正義的心理原因和其他相關原因進行了研究，並就如何提升組織的程序正義度提出了建議。他認為，許多管理者拒絕或忽視程序正義的原因很多。比如：有些管理者錯誤的認為，給予員工物質永遠比給予他們尊重更有意義。有時，公司制定的政策也會阻礙實行程序正義。

此外，想避免不愉快的場合，是管理者無法實踐程序正義的又一原因。管理者在制定與實施艱難的決策時，在情感上常常比較矛盾。出於同情，他們也許想走到受決策影響的人那裡，解釋背後的原因，但迴避這些人的欲望也同樣強烈。由於對人際關係很敏感，管理者往往很難去行必要之惡（例如解雇員工與宣布其他壞消息）。許多管理者發現，與其和不快的情緒爭鬥，還不如徹底迴避整個事件，以及受到影響的人。雖然程序正義容易被管理者忽視，並難以堅持，但企業可以採取若干措施，讓程序正義在公司得到良好和持久的運用。解決認知問題，管理者在運用程序正義時，可能會遭遇內心並不情願之類的負面情緒。但只要公司高層承認，這樣的情緒是一種正常反應，就能幫助管理者抵禦這種衝動。管理者如果知道自己的努力能帶來切實的回報，他們就更有可能忍受這個痛苦的過程。

分清誰是「實務家」

有一位雲遊僧聽人傳說無相禪師禪道高妙，想和其辯論禪法。適逢禪師外出，侍者沙彌出來接待，道：「禪師不在，有事我可以代勞。」雲遊僧道：「你年紀太小不行。」侍者沙彌道：「年齡雖小，但智慧不小！」

雲遊僧一聽，覺得還不錯，便用手指比了個小圓圈，向前一指。侍者攤開雙手，畫了個大圓圈。雲遊僧伸出一根指頭，侍者伸出五根指頭。雲遊僧再伸出三根手指，侍者用手在眼睛上比了一下。雲遊僧誠惶誠恐的跪了下來，頂禮三拜，掉頭就走。他心裡是這麼想的：我用手比了個小圓圈，向前一指，是想問他，你胸量有多大？他攤開雙手，畫了個大圓圈，說有大海那麼大。我又伸出一指問他自身如何？他伸出五指說受持五戒。我再伸出三指問他三界如何？他指指眼睛說三界就在眼裡。一個侍者尚且這麼高明，不知無相禪師的修行有多深，想想還是走為上策。

後來，無相禪師回來，侍者就報告了上述經過，道：「報告師父！不知為什麼，那位雲遊僧知道我俗家是賣餅的，他用手比個小圓圈說，你家的餅只這麼一點大。我即攤開雙手說，有這麼大呢！他伸出一指說，一個一文錢嗎？我伸出五指說，五文錢才能買一個。他又伸出三指說，三文錢可以嗎？我想他太沒良心了，便比了眼睛，怪他不識貨，沒想到，他卻嚇得逃走了！」

無相禪師聽後，說道：「一切皆法，一切皆禪！侍者，你會嗎？」侍者茫然，不知怎麼回答。

由此我們可以看出，誤會是多麼容易在人與人之間產生。誤會產生的原因雖然不同，但誤會的後果卻是一樣，會給人帶來痛苦、煩惱、難堪，會造成人際關係緊張，產生對立情緒，導致人心渙散，會極大的降低管理效率。因此，管理者一定要善於分清哪個員工是實務家。要知道，如果一個公司能夠公平公正，上下合力，所爆發出來的力量是巨大的。

一位成功的管理者曾說過，自己的成功得益於對每個員工都能做到合理、公平的安排其工作。他能根據個人的特點，把每一個職員都安排到最能發揮他最大潛能的位置上，實現人才資源的最佳配置。他相信每個人都願意努力工作，並能創造性的工作，只要讓他感覺到這份工作很公平，再賦予他們適宜的環境和工作職責，他們一定能成功。不僅如此，他還努力使員工知道他們所擔任的職務對於整個公司意義重大，這樣一來，這些員工無須監視就能把事情辦得有條有理、十分妥當。

李嘉誠在總結自己對員工公平分配時，曾生動的說：「知人善任，大多數人都會有部分的長處，部分的短處，好像大象食量以斗計，螞蟻一小勺便足夠。各盡所能，各得所需，以量才而用為原則。就如在戰場上，每個戰鬥單位都有其作用，而主帥未必對每一種武器的操作都比士兵熟悉，但最重要的是主帥應十分清楚每種武器及每個零件所能發揮的作用……統帥只有明白整個局面，才能做出色的管理者和指揮下屬，使他們充分發揮最大的長處以及取得最好的效果。」

在君子蘭服飾製品有限公司的生產線裡，你每天都能看到一個忙碌的身影，設備故障他在現場指揮，生產有困難他去溝通解決，看著設備正常運轉，生產井然有序，他的臉上才會浮現出滿意的笑容。他就是公司生產線主任——郭峰。

一九九四年，高中畢業的郭峰來到張家港，進入一家服裝廠做起了車工，「原來在老家做裁縫，也算是學了一門手藝，但到這邊做車工，剛開始什麼都不懂，主要還是靠多看、多問、多學。」漸漸的，郭峰掌握了服裝生產各道工序的技術，進廠一年後，因為虛心好學和肯吃苦，郭峰被提拔為生產線組長。二〇〇〇年，因工廠轉制，原工廠老闆自己出來開公司，邀請郭峰到公司任生產線主任。「當時心裡沒什麼底，總感覺自己沒經驗，所以有點猶豫，但老闆一直在鼓勵我，還專門配了個老師傅來帶我，這讓我消除了心中的疑慮。」雖然郭峰對服裝業務早已輕車熟路，但真正走上管理崗位的他沒有滿足於此，而是經常加班加點，遇到不懂的技術難題，他總是不厭其煩的向老師傅和老闆請教，這些都讓他在管理和設備上累積了豐富的經驗，使他在管理崗位上做得得心應手。

進入公司以來，郭峰一直以主人翁的高度責任感全身心的投入到工作中，以肯做、肯抓、肯管、肯進取、肯學習的積極姿態為公司的發展默默奉獻自己的力量和年華。工作中的郭峰認真負責、勤勉不懈，他以公司為家，常常泡在生產線裡抓生產、抓管理，解決生產中的疑難問題。在繁忙的勞動場景中，你無法分清誰是生產線主任，誰是普通工人。郭峰的敬業精神和工作能力也得到了大家的認可和尊重。

在職位分配上，合格的管理者會慎重行事，不僅對將要擔任職務的人的責任和義務應有充分了解，對每個下屬的特長更要了解得很清楚。還要讓員工覺得管理者對自己很公平，並做到周密的調查，盡可能聽取各方面意見，盡量做到「為事擇人，人盡其職」，把員工安排到最恰當的位置上，成為最佳組合。但那些不善於管理的人則往往忽視這個重要的方面，而總是考慮到對這個偏愛一點，對那個苛刻一點，結果看這個人不能用，看那個人也不能用，這樣的管理者當然要失敗。

如果你能把自己的心放得公正一點，將各類下屬的優點加以合理化組合，使他們的才能都展現出來，形成有機的整體，那麼你的用人水準算得上高人一籌了。如果你能安排下屬做一項適合他的重大的工作，他會很容易在艱難環境的壓迫下和求勝欲望的激勵下，立志使自己的工作做得很出色，一定會將他所有的才識、能力施展出來，他會竭盡全力做到讓你稱心如意。反之，如果你給他安排的工作讓他覺得你是在厚此薄彼，那麼他對工作一定會很灰心，還會覺得在目前的職務上一定不能有大的發展。這樣，他就無法把自己的才能用在工作上去。他會認為，自己雖然有成就事業的才幹和力量，但因為你不能做到公平公正，根本就無法發揮出來。

在工作中，你一定要放正自己的心態，庸才、蠢才、英才都是人才，沒有固定的區別。事實就是這樣，成功的管理者懂得如何讓員工覺得你是沒有私心的，會最有效的利用不同人才的優勢，使不同的人才在不同的工作崗位上發揮最大的工作才能。如果你用人得當，庸才一樣可以做出英才的業績，蠢才也會成為你的功臣。

制定一套絕不厚此薄彼的規章制度

一名優秀的員工需要的是一位開明的上司；一名執行力強的員工需要的是一個能施展才華的舞台；一名具有工作潛能的員工需要的是一個良好的工作環境；一名有理想和抱負的員工需要的是一個工作前景廣闊的企業。

俗話說：「國有國法，家有家規。」在企業管理中也是如此。但是，有很多企業，特別是一些中小型企業，管理者並沒有真正做到對員工一視同仁，而是厚此薄彼，也沒有依法制定有效可行的規章制度，這就直接導致了企業管理的無序狀態。

二〇〇九年年初，王先生創辦的醫藥公司效益又有新的增長，職員們很努力，王先生也對新的一年充滿了憧憬與希望。可是，剛剛接到的一份「勞動爭議仲裁敗訴通知書」卻使林先生頗感疑惑：公司的一名員工因工作失誤給公司造成了經濟損失，卻未受到懲罰，反而是公司輸了官司。這件事令他十分困惑，怎麼會這樣呢？原來，不久前，一家外地藥店向他們公司訂購了一箱藥，公司指派醫藥代表小李將藥郵寄給該藥店。小李將藥品經鐵路托運後，沒有進一步核實藥品是否托運到目的地。後來，這箱藥到了該藥店所在城市的火車站後，送藥人因為沒有找到已經遷址的藥店，就將這箱藥又帶回了火車站。火車站的員工將這箱藥掛失後，在無人認領的情況下將其賣了兩千元。醫藥公司認為小李給公司帶來了經濟和企業形象的損失，屬於嚴重失職行為，要其承擔一半損失，並與其解除了勞動合同。小李則認為，損失兩千元不能算嚴重損失，而且自己還承擔了一千元損失，因此，小李將企業申訴到當地勞動爭議仲裁委員會，經法院審理，企業敗訴。

該企業之所以敗訴，關鍵就在於沒有相應的制度來支撐自己對員工的處理結果。例如：該醫藥公司是以小李給單位造成了重大損害來解除雙方的勞動關係的，但是什麼樣的損害、多高的金額損失才屬於重大損害，該企業並沒有在管理制度中作出界定，因此小李有理由反駁這家醫藥公司：兩千元的損失不能叫重大損害。

在企業管理中，要想使企業經營活動得以順利進行，必須對人、財、物等要素進行公平公正的組合和配置，而企業管理制度恰恰是對企業正常運行的基本方面規定的活動框架。它是用來約束集體行為的行為規範，主要針對集體而非個人。所以，一個企業要想在殘酷的市場競爭中立於不敗之地，沒有一套科學的、公正的管理制度是不可能的。那麼是不是出台一套合理的管理制度就萬事大吉了呢？顯然不是，不管多麼合理的制度，如果缺乏執行力和嚴格的監督機制也是行不通的。

管理者的主要任務就是管人治事。有人認為，「管人」就是施展手中的權力，憑藉三寸不爛之舌讓人「俯首稱臣」，其實不然，管人是一門更高深的謀略。善管人者，一呼百應，指揮若定，左右逢源，被管的人也心甘情願；而不善管人者，顧此失彼，焦頭爛額，仍不能使人心悅誠服。善於管理的管理者會把他們的能力演變成一種動力，推動下屬衝破所有阻力，進而達到運籌帷幄，決勝千里。

孔子有個弟子叫高柴，字子羔，少孔子四十歲，長不過六尺，長得也不英俊，但是為人篤孝而有法正，在孔子的門下很有名氣，後來擔任了衛國執政大臣。

有一次，子羔審判並裁定一名犯人，處以削足之刑，刑後犯人做了守城的役工。不久衛國君臣作亂，子羔逃到城門口，只見城門緊閉，正好是以前那個受過刑的人在那裡守門。這人指點子羔說：「那邊的城牆有個缺口。」子羔說：「君子不翻牆。」守門人又說：「那邊的城牆有個洞。」子羔說：「君子不鑽洞。」守門人再說：「這裡有間房。」子羔就走進房中躲避。追兵來後，找不到子羔，就回去了。子羔離去時對守門人說：「我不能拋棄君王的法律，對你用了重刑。現在我落難了，正是你報仇雪恨的時候，你為什麼還幫助我逃走呢？」

第六章 切忌厚此薄彼

制定一套絕不厚此薄彼的規章制度

守門人說：「受刑本來是我應得的，這是無可奈何的事情。您審理我時，反覆研究法令，希望免我受罰，這我是知道的；審理完畢，當要判決時，您悶悶不樂，這我也是知道的。您難道是偏愛我嗎？不是。這是您天生一顆仁愛的心，很自然的就表現出來。您眼中流露出的哀憐及臉上閃現出的悲戚之情，至今我仍謹記在心，不敢一日或忘。這就是我想幫助您逃走的原因。」

孔子聽說這件事後的評論是：「會當官的樹德，不會做官的樹怨。公平行事，說的大概是子羔吧！」

每逢新春時節，一場連一場的人才招聘會撩撥著眾多不安分的心，總有大批人馬離開原崗位，尋找新的「乳酪」。究其原因，很大一部分人是因為原單位沒有公平、公正的為他們提供一個施展才華的理想舞台。可是，很多企業管理者往往不知道員工需要的是一個什麼樣的理想舞台。其實，所謂理想舞台就是能夠使員工的知識用上，能力發揮出來，智慧彰顯出來，這樣員工就會有一種成就感。如果一個員工所擁有的知識、能力和智慧不是企業所需要的，甚至是企業所批判、排斥的，那麼這位員工就不會受到組織其他成員的尊重，甚至還會遭到奚落。如果員工擁有的知識、能力和智慧在企業中不能用上和發揮出來，當然也就不可能為企業作出貢獻了。

現代企業需要先進的經營理念、優秀的企業文化、積極向上的團隊精神，除此之外，還需要制定一套絕不厚此薄彼的規章制度來規範員工行為，進而促進企業生產經營的有序發展。

絕不霸占員工的成果

如果員工取得了很好的成績或業績，就應該及時認可與獎勵員工。只有這樣，工作優秀的員工在以後的工作中才會產生更高漲的熱情，才會加倍為公司效力。

幾年前，李立偉曾經在一家連鎖售藥公司負責員工的招聘。當時，這家售藥公司正處於發展期，在公司的計畫書裡已經確定了擴大公司規模的方案，公司正在籌劃建立更多的新藥店，每一個新藥店需要兩名藥劑師。李立偉認真研究了九十一位應徵者的資料，並篩選出二十七位比較優秀的應徵者，這些應徵者占總應徵人數的三分之一。因為當時公司缺乏藥劑師，如果公司招聘不到足夠的藥劑師，新藥店也就開不成了。

在這種嚴峻的形勢下，李立偉投入了很大的精力研究公司的招聘問題，很快發現了三個妨礙公司招聘的問題。首先，別的競爭對手給藥劑師的薪資比公司高一些，雖然比公司提供的薪資僅僅高一點點，但是對藥劑師還是具有一定的誘惑力。其次是心理的因素。過去，公司要求藥劑師上任之前必須接受測謊機檢測，許多人看到這一條就放棄了應徵的念頭。李立偉去掉了這一應徵條件，但因為這一行業的慣例，仍然有人認為公司招聘新員工時要用測謊機檢測，這對公司的負面影響很大。最後是公司與大學畢業生的聯繫不夠密切，不了解他們的就業傾向。當公司到醫藥大學去招聘時，大學裡的六十個畢業生中只有幾個人來公司面試。醫藥大學的畢業生根本沒有把公司作為一個理想的工作單位。

為了解決這些問題，李立偉說服高級管理層，為員工增加薪資。下一步，他就單槍匹馬的展開公關活動。李立偉到其他公司的連鎖藥店裡與藥劑師們交流與溝通，告訴他們自己的公司再也不進行測謊機檢查。並向這些藥劑師們宣傳公司的發展平台，讓他們轉變對公司的看法。然後，他又到醫藥大學與大學教師和行政人員溝通，讓他們幫助宣傳公司的優厚招聘條件。最後，有近五十名大學畢業生到公司應徵。結果如何呢？公司原來的二十七個空缺職位都找到了合適的人選，後來增加的十二個新職位也找到了合適的應徵者。公司再也不會因為人才缺乏而窘迫不已了。

當李立偉沉浸在成功的喜悅中時，偶然聽到人力資源部的總管對外宣稱他是招聘成功的頭號功臣。一週之後，在一次公司大會上，人力資源部總管得到公司總裁的嘉獎，參加大會的公司管理層稱讚他力挽狂瀾，能夠扭轉時局，他們認為他促進了公司的發展。當李立偉憤憤不平的看著他時，他把臉扭過去，看都不看李立偉一眼。此後，他對此事隻字不提。而李立偉就像被打敗的落湯雞一樣，再也打不起精神，再也沒有勇氣與動力主動的解決公司機制性的問題。總管的伎倆讓李立偉失去了對公司的忠誠與投入。當時，如果李立偉的總管說一句話，哪怕是告訴與會的所有人：「我認為我們應該感謝李立偉在招聘中所作的努力。」李立偉也會繼續忠誠並充滿熱情的為公司工作。

某公司進行了一次調查，超過半數的員工說自己經常被同事搶功。其中百分之二十四點七八的被調查者選擇默默忍受，百分之二十三點七八的人選擇直接找老闆澄清事實，百分之十四點六的人則選擇以牙還牙，百分之十三點七的人選擇聯合他人，發動群體力量，驅逐搶功小人，百分之十二點一四的人選擇離開。

其實，如果真的有上司明目張膽、顛倒黑白的搶功，倒是不難對付。找管理者直接說明或者忍著什麼也不說都可以。前一種做法讓你澄清事實，實至名歸，同時在管理者面前撈得敢說敢為、實話實說的印象。後一種做法雖然自己受了委屈，但卻在群眾中樹立了寬宏大度、志存高遠的威望。

讓人糾結的是一些搶功高人，在每一項日常工作中，在每一次向管理者的彙報中，於不動聲色間化別人的功勞為自己的功勞，化大家的功勞為自己的功勞，表現出來深厚的搶功能力。通常的表現是：在主語應該使用「我們」的時候，使用「我」，在主語應該使用「某某」的時候，使用「我們」。

輕鬆做主管 Be a relaxing manager
用「心」管理，不是用「薪」管理

于軍正二〇〇六年畢業後就進入這家廣告公司，他選擇從最基礎的職員崗位做起。經過一年的努力，于軍正的成績得到了老闆的肯定，最終如願以償轉到了企劃部門。但讓他想不到的是，之後的工作並沒有想像中的那麼順利，因為他遇到了一位愛搶功勞的上司。有一次，于軍正獨立做了一個專案提案後，按照流程把企劃書交給了直接上司。沒想到的是，幾天之後上司說這個客戶比較重要，公司想重點維護關係，所以轉給他負責了。于軍正信以為真。但在之後的公司例會上，老闆表揚了上司一番，說是他為公司拉到了一個很重要的項目。而上司在陳述這個方案時絲毫沒有提到于軍正之前所做的努力。會後他也沒有給于軍正任何解釋，月末上司還拿到了大筆獎金。

經過這件事後，于軍正並沒有憤然離開。取而代之的是，之後他做了什麼，都理直氣壯的讓其他同事知道。在每次完成工作後，都把自己所做的工作記錄下來，做成工作檔案，以示早有記錄。後來于軍正發現，做一份詳細記錄自己工作的檔案是一個防止主管搶功的好辦法。另外，還可以把機密性不高的記錄及時發送副本給相關人員。

誠然，員工的成績和建樹離不開管理者的導引、扶植，員工的成功往往就是管理者決策、部署的科學性、正確性的確證。但是，這一點只應由員工和他人在內心去體認，而不可流露於管理者的言詞之中。

這首先是管理者保持謙遜作風的需要。管理者只應刻意追求事業的實際發展，而不應也沒有必要在成績的歸屬上爭個份額。推功會使得管理者的形象更加高尚、超拔。其次，能弘揚員工的主體責任感。既然管理者把成績歸功於員工的個人實踐，那麼員工在受到褒獎之際，除了珍重成績、榮譽之外，還自然會想到倘若發生失誤、差錯，也當然要自我承擔而無法推諉。所以，在肯定和讚揚員工的時候，不掠員工之美，就蘊含著在否定和處罰員工的時候，管理者也不應抵員工之過。這二者是對等的。

別讓不公平變成管理死角

如果企業的管理階層態度無理或度量狹小，或惡意欺壓或不公平對待員工，即便是模範員工也有可能變得充滿敵意以及缺乏生產力。如何維持員工的參與感、激發動機，以及提高生產力，是管理藝術的重要環節之一。

松下幸之助開創了日本管理新理念，是當今最偉大的商人之一。然而他的人生信條卻很簡單：做一個端端正正的商人，勤勉禮讓，安分守己，屈己厚人。這也就是我們平常所說的道德準則。為什麼一個普普通通的道德準則，卻被松下奉若神明呢？松下對此的理解是，管理企業，無非就是管人，而道德準則是做人的最根本準則。如果缺乏正確的道德觀，不管這個人是否真有才能，最終對企業也不會有什麼貢獻。所以企業在尋覓人才時，除了注重能力外，還必須對人才的道德觀念進行考核。

同樣的理念，威爾許的理解是：「正直是我們建立成功企業的基石——包括我們產品的品質與服務，我們與客戶或是與供應商之間的關係必須是率真的。」威爾許上任初期，就在奇異電氣公司全範圍內發放了一本八十頁的小冊子，名為《正直：我們責任的精神與展現》。每一位新加入的員工，都必須仔細閱讀這本小冊子，並在書中附的卡片上簽上自己的名字。奇異電氣公司的每一位員工，都必須每天閱讀一遍，而且還必須信守這樣的承諾：遵紀守法，遵循奇異電氣的行為準則，避免利益衝突，做一個誠實、公正、值得信賴的人。對於那些有道德問題的人，奇異電氣一律不用；如果在企業內部發現道德敗壞的行為，只要違規一次，立即就會被開除。威爾許說：「我不能肯定一個人是否真是一個小偷，但一旦我肯定的知道他做了，他將被解雇。我們這裡的行為準則，是每一個人都知道的，如果他做了什麼不應該做的事，那他將立即被開除，沒得商量！」

用「心」管理，不是用「薪」管理

曾經有一次，奇異電氣的一個員工因為道德問題爆出了醜聞，當記者採訪威爾許的時候問道：「您如何處理這類醜聞，而不使通用受到傷害呢？」威爾許答道：「如果真能做到，那將是多麼好的事，我說過，我不可能一個人維持整個組織行為的完美無缺，但我有一個道德標準，那就是正直。我每次在會議上都會談到它，違反這個原則，只會有一個結果——開除。」記者又問：「立即嗎？」威爾許說：「立即，這位員工曾有一次聽證的機會，但遺憾的是，他沒把握。他也許想走捷徑，『眨眨眼』假裝看不見，但對這種行為我們從不眨眼，沒有任何捷徑可走。」

根據美國佛羅里達大學一項研究顯示，辦公室八卦、盜竊、暗箭傷人，以及拉長午餐休息時間，已經不屬於職場不滿分子的專利，就連感覺不受上司尊重與認可的模範員工，也會產生這樣的行為。因為當員工覺得被虧待時，他們就會著手進行報復。如果他們覺得自己的頂頭上司是個難纏的人物，這些員工將會試著找到尋回公平正義的方式。

對於員工具有報復上司虧待行為的傾向，企業若是只想消除這些組織壞蛋，其實並不足夠，因為情況並沒有那麼簡單。管理者通常以為員工的態度跟他們毫不相關，或是對員工的工作表現績效沒有影響，造成許多企業去假設激發員工的誘因僅是賺取更多薪水的機會，或是擔心失去工作的威脅，完全忽略了積極正面的勞資關係會影響到員工肯為管理者工作的時間長短，以及他們參與援助行為的程度。因此專家建議，企業主並不需要花費很多資金來訓練管理階層以互相尊重的方式來對待員工，但是這些訓練卻可以產生真正的利益。

研究顯示，所有員工在某些情況下都會出現行為失常的情況，例如竊取工作用品、在辦公環境亂丟垃圾、咒罵同事，或是未經許可擅離職守，特別是在他們對工作感到憤怒、不喜歡他們的工作，或是認為其上司管理不公時。員工的敵意越激烈，代表他們感受到管理不公的程度也越高。

但是一般企業會透過警政單位，或是採用專門用來打擊不良行為的方式來解決這個問題，反而不太

第六章 切忌厚此薄彼　別讓不公平變成管理死角

會去追根究柢事件的導因。只不過這樣的做法僅能控制員工的某一種行為，同時也造成員工採用其他較難識別或是較難控制的脫軌行為。例如：如果員工認為管理者不公平或度量狹小，因而提早離開工作崗位，但卻因此受罰，他們可能會以拉長午餐時間、背後說管理者八卦，或是上班時間瀏覽網路來抵抗，管理者根本就很難去看到或控制所有這些行為。然而，這並不代表員工就不應該為自己的行為負責，或完全不該受罰，但是管理者必須自省他們的行事作風，是否助長了這些行為的產生。

迪士尼公司在用人時，從不看員工的職位級別，只看才能。例如：迪士尼高層管理人員麥可．艾斯納，在參觀公司的一個名為「革新」的電腦技術展覽時，覺得這個展覽毫無想像力和鼓動性，根本不能說是革新。因此，他便停下來問會上的基層工作人員，怎樣才能使展覽會生動起來。他從員工們的口中得知，有一個叫戈梅斯的工作人員，曾談過許多使展覽會有生機的辦法。於是，艾斯納找到他。當艾斯納聽完這位普通員工的意見後，立即要他把這些意見寫成備忘錄，並最終讓戈梅斯自己把它們付諸行動。這使得展覽會取得了極大的成功。事後，兩名迪士尼零售店的員工在一次全公司的研討會上得知了這件事，他們說：「麥可．艾斯納從來沒來過我們店裡，否則，他肯定也會願意採用我們的辦法，這也正是迪士尼公司的文化——公司用人會考慮各個階層的各個人員，無論他們的職位高低。」

只有頂級卓越的企業，才會像迪士尼公司那樣，如饑似渴的接納真正的人才，而從不去考慮他們的地位、等級。明智的管理者應該認識到，任何限制員工發揮才能的等級成見，都是有百害而無一利的，應該堅決擯棄。因為等級成見，會使企業缺乏縱向交流，壓抑員工才能的充分發揮。

有些企業管理者可能會宣稱在專注於提升企業利潤的同時，很難分心注意到員工被如何對待。事實上，在極力追求一項利益的同時，並不需要犧牲其他利益。也就是說，在為企業的效率精打細算的同時，管理者仍然可以去關心員工的態度。研究顯示，如果管理不善，即使是最優秀的員工，也有可能在工作職場展現失常、甚至是有害的行為。

用人，絕對不能有私心

唯才是舉是管理者必須具有的胸懷和品德，哪怕你曾經討厭過他，也不能因為個人的恩怨而影響公司的發展。一個有能力的管理者，對於企業是非常重要的。他不僅能使企業本身充滿活力，最重要的是能使企業的員工目標一致，精誠團結。相反，如果管理者不具備領導能力，則那個企業不僅不會發展，反而會離心離德，甚至崩潰。因此，松下幸之助非常贊同破格提升人才。他認為，只要選對了人，公司的繁榮就指日可待。他破格提拔山下俊彥出任公司社長就是明證。

在日本，依照資歷升遷是不成文慣例，破格提拔人才阻力很大。因此，在真正需要破格提拔人才時必須特別慎重。首先，松下幸之助會和年長的員工進行溝通，使他們同意和支持提升新人的職位。松下幸之助說：「當你把某人提升為課長時，等於忽視了該課內曾經照顧過這個人的許多前輩。我覺得，如果只是把派令交給新課長並予以宣布，是不夠的。我主持公司時，總是交代得很清楚，那就是讓課內資格最老的人，代表全體課員向新任課長宣誓。」

松下公司的做法頗具意義，當某人接受課長的派令後，他致辭道：「我現在奉命接任課長，請大家以後多多指導及協助。」然後，由課內資格最老的成員，代表全體員工致賀詞：「我們發誓服從新課長的命令，勤奮的工作。」這麼做，旨在提高新任課長的威信。

或許有人認為，這種做法未免故意為難別人。如果年長的員工對新上任的課長不滿意，採取強制宣誓的辦法，不僅不能達到目的，反而會帶來許多麻煩。因此，在提拔新課長時，要先廣泛的徵求課內人員的意見。

松下幸之助特別強調，提拔人才時，最重要的一點是絕不可以有私心，必須完全以這個人是否適合那份工作為依據。只要是有才能的人，為了工作而加以提拔，其他的下屬也是會理解和支持的。因此，唯才是舉是管理者必須具備的胸懷和品德，哪怕你曾經討厭過他，也不能因為個人的恩怨而影響公司的發展。

管理者應拋棄個人成見，客觀的對他人做出評價，即使情感上不喜歡，也絕不以私害公、以私誤公，而應看中對方的能力加以重用。

《史記》曾記載劉邦重用陳平的故事。陳平年輕時，曾經在魏王門下當差，但沒有獲得重用，後來又到項羽手下做事，也因為和項羽鬧翻不得不連夜逃亡。最後，他投效劉邦，擔任護軍中尉的官職，成為劉邦座駕的陪乘。

當時，陳平可說是聲名狼藉，有一個重臣就向劉邦進諫說：「陳平是一個無行小人，在家時曾和兄嫂私通過，不得已才離開家鄉；在魏、楚的軍營中也是窮困潦倒，不得不前來投奔；到了我們的軍營，受封官職，卻又居然接受某些官員的賄賂。」劉邦聽後卻哈哈大笑，對這位臣子說：「你有所不知，你剛才說的是有關陳平個人品德的事，但是，現在天下紛爭，我所需要的卻是有才能的人，單是品德高尚的人，對我軍是沒有用處的。」

劉邦沒有計較陳平品德上的過失，反而不斷晉升他的職位。最後陳平官至丞相，對於鞏固漢朝江山有相當重大的貢獻。

歷史上一些開明的君主都十分注意創造機會均等的環境，讓更多人才發揮才華。例如：唐朝女皇武則天為了克服科舉中依靠門第、親戚、私人關係和請人代筆的作弊現象，立志改革科舉，並下令所有考生答完試題後，一律將試卷上的名字黏起來，以防徇私舞弊。武則天創造的「糊名考試」，就是讓有才華的人能有一個平等競爭的機會。人才只有在競爭中才能充分發揮學識和才華，要進行競爭，就要有一個機會均等的社會環境，方能讓人才在公平、平等的環境中，透過考試、選拔等各種方法發揮自己的才能。沒有適當的競爭，就沒有人才優質化；沒有公平的競爭，人才就難以脫穎而出。因此，管理者努力創造一個機會均等、公平競爭的工作環境，就是促進人才快速成長的關鍵。

有好的環境和條件，才能培養出好的人才，才能使人才脫穎而出，所以管理者如果想獲得人才，就要為人才創造出能讓他們盡情發揮才能的環境。若是無法做到這一點，人才當然會被埋沒，這對每個企業管理者而言都是一大損失。

二十二歲的李寧在護校畢業後，不到半年就被分配到一家軍醫院，李寧聰敏能幹，外科張主任十分欣賞她，想留下她。但李寧有個「弱點」，就是只要自己認為是正確的，就會堅持到底，直到對方讓步為止。因此，外科部的人對她褒貶不一，有的說她固執得可愛，有的說她驕傲得可惡，不過張主任正好喜歡她這種該說「不」時勇於說「不」的良好品格，並常常說她是個人才。

這位張主任其實是個很難「伺候」的主任，平時大多沉默寡言，而且為人固執，不過他對事業相當認真執著。有一次，張主任親自主刀搶救一位腹腔受傷的重傷病患，一旁的護士正好是李寧。這場複雜又艱苦的手術從中午進行到黃昏，最後手術順利成功。只是當張主任宣布縫合時，李寧突然出人意料的說：「等等，還少一塊紗布。」張主任問：「一共用了多少塊紗布？」李寧說：「應該用了十六塊。」「那現在有多少？」張主任問。「十五塊。」李寧回答。「你記錯了，」張主任肯定的說，「紗布我都已經取出來了。而且手術已經進行了那麼久，要立即縫合。」「不，不行！」李寧突然提高嗓門，堅定的說，「我記得清清楚楚，手術中我們共用了十六塊紗布。」聽到李寧這麼說，張主任這位資深的外科醫師似乎生氣了，果斷的說：「聽我的，立刻縫合，以後有事我負責！」但李寧還是堅持：「您是主治醫師，您不能這麼做啊！主任，我們是救人濟世的醫生護士，千萬不能草率啊！」她依舊堅決阻止縫合，要求重新檢查。

沒想到聽完李寧的話，張主任的臉上竟露出欣慰的笑容。他點點頭，接著欣然的鬆開一隻手，向所有人說：「這塊紗布在我手裡。李寧，你是一位合格的護士，夠格當我的助手。」原來張主任是刻意考驗李寧，看她是否真能擇善固執。

擁有率直心胸的人在做事時，不會考慮到太多人情世故，雖然這點會讓人覺得有些難以相處，但正因為其不在意別人的想法，才能不被成見和種種顧慮所囿，所以反而更能看清世事的真實面貌。

率直的心胸可將人才的聰明才智導向正軌，讓人以光明磊落的態度處理事物，認清事物的真貌，並以堅定的信心，採取正確的行動，擁有擇善固執的良好品德。一旦企業中人人都有率直的心胸，企業將變得更有活力，正常且理性。

率直的心胸是沒有私心、天真且不受主觀、物欲所支配。有了率直的心胸，就可以明辨是非，看清正確與謬誤間的分界，找到自己應走的道路。

拋棄個人成見

管理者要能拋棄個人成見，客觀的對他人做出評價，即使情感上不喜歡，也絕不以私害公、以私誤公，而應看中對方的能力加以重用。用人唯才與用人唯親是兩種不同的企業用人方針。用人唯才，是指不論親疏恩仇，只要是有能力的人就加以重用；用人唯親，是對自己的親友或親近自己的人才予以信任並重用。用人唯親雖然確保彼此的關係會較親密，但卻會產生許多大問題，歷史上不少英雄好漢都是因此而敗亡的。

在現代企業的管理中，用人唯親的情況很常見。在一些中小企業中，「家族化」的經營風氣更是盛行，往往是總經理、廠長的妻子管財務，弟妹管供銷，舅子管人事，一派「家天下」的陣勢。即使是在國有企業中，有些領導者也會設法把子女弄進企業中，以求一官半職。但是，綜觀家族式經營的失敗教訓，這種做法的後果必然是可悲的。

那要如何才能做到用人唯才呢？身為管理者，必須把握住兩個基本點：一是選才要出於「公心」。這點的關鍵在於無私，無私是選賢任才的前提。對於這點，孔子了解得十分清楚，他說：「君子對天下之人，不分親疏，無論厚薄，只親近仁義之人。」也就是說，在人才問題上，應該不計較個人恩怨、得失，而只考慮國家的利益、民眾的利益。

某公司的經理決定任用一個坐過牢的工人當分廠的廠長，這件事在公司內掀起了軒然大波。原來，經理在調查這個分廠時發現，這家工廠的工人平均每人每天組裝十到十六個電鍍表，但那個坐過牢的工人所在的小組平均每天每人組裝四十到五十個電鍍表，這全歸功於那名工人是這小組的組長，在他的領導下，組內每人的效率都相當高。

經理頂住輿論的壓力，升任這名曾有劣跡的人。果然在那名工人擔任廠長後，整個分廠的工人每人每天都能組裝四十個電鍍表。有人仍不服氣：「連坐過牢的人也能當廠長，那人人都可以當廠長了。」聽到這樣的反對聲音後，公司經理理直氣壯的反駁說：「你能把組裝效率從十個提高到四十個嗎？如果不能，就要誠實的承認對方有能力，比你強。」

二是選才不避仇。這就需要管理者公而忘私、虛懷若谷，有很寬廣的心胸，能夠不計較個人的恩怨和得失，能拋棄個人成見，客觀的對他人做出評價，即使情感上不喜歡，也絕不以私害公、以私誤公，而應看中對方的能力加以重用。

管仲原來輔佐小白的哥哥子糾。糾、白爭位時，管仲曾射了小白一箭，小白詐死始得逃脫。後來子糾死後，小白為齊國之主，是為齊桓公。一日，鮑叔牙向齊桓公推薦管仲，齊桓公氣憤的說：「管仲拿箭射我，要我的命，我還能用他嗎？」鮑叔牙說：「那回他是公子糾的師傅，他用箭射您，正是他對公子糾的忠心。論本領，他比我強得多。主公如果要做一番大事業，管仲可是個用得著的人。」齊桓公是個豁達大度的人，聽了鮑叔牙的話，不但不辦管仲的罪，還立刻任命他為宰相，讓他管理國政。

有一天，豎刁和易牙兩個奸佞小人在桓公面前說管仲的壞話。他們兩人說：「聽說君出令，臣奉令。今天您張口管仲，閉口管仲，百姓懷疑齊國只有管仲，沒有您呀！」齊桓公聽了馬上警覺起來，意識到他們二人在說管仲的壞話，挑撥他與管仲的君臣關係。於是立刻嚴肅的說：「我與管仲，就像上身與股肱的關係，有股肱才有其身，有管仲才有其君。你等小人懂得什麼！」他們二人嚇得趕緊退了出去。他們知道齊桓公這麼信任管仲，是無法撼動管仲地位的，從此再也不敢說管仲的壞話了。

用人唯親的問題在於一個人的親友畢竟有限，要在有限的人數中選拔出人才，必然數量少、品質不高，所以多庸才。況且，用人唯親必然不信任外人，所以外人就會被排擠，即便是人才也得不到重用，而不被重用的人才，就會另尋出路、投奔他處，這等於是為敵對勢力提供人才，結果是削弱了自己、增強了敵人的力量。用人唯親無非是因為親人可信任，情感上較親密，但事實上，是否可信任是看那人的品德如何，而非關係是否密切、情感是否親密。我們不難見到，歷史上識錯人的領導者每當勢衰或敗亡時，出賣或殺害他們的恰恰是與他們親密的人。

只是前車之鑒雖然那麼多，但用人唯親的領導者仍不乏其人，這既有感情問題，也有了解和認識的問題。要做到用人唯才，需要有寬闊的容人胸懷，有超人的膽識與才能。

第七章　充分授權意味著信任員工

授權賦能既是管理者的職責，也是有效管理的必備手段。只有把應該授予的權力授予員工，員工才會更有把工作做好的動力。管理者必須在授權上多加用心，把授權工作做好，讓授權成為管理員工的法寶。

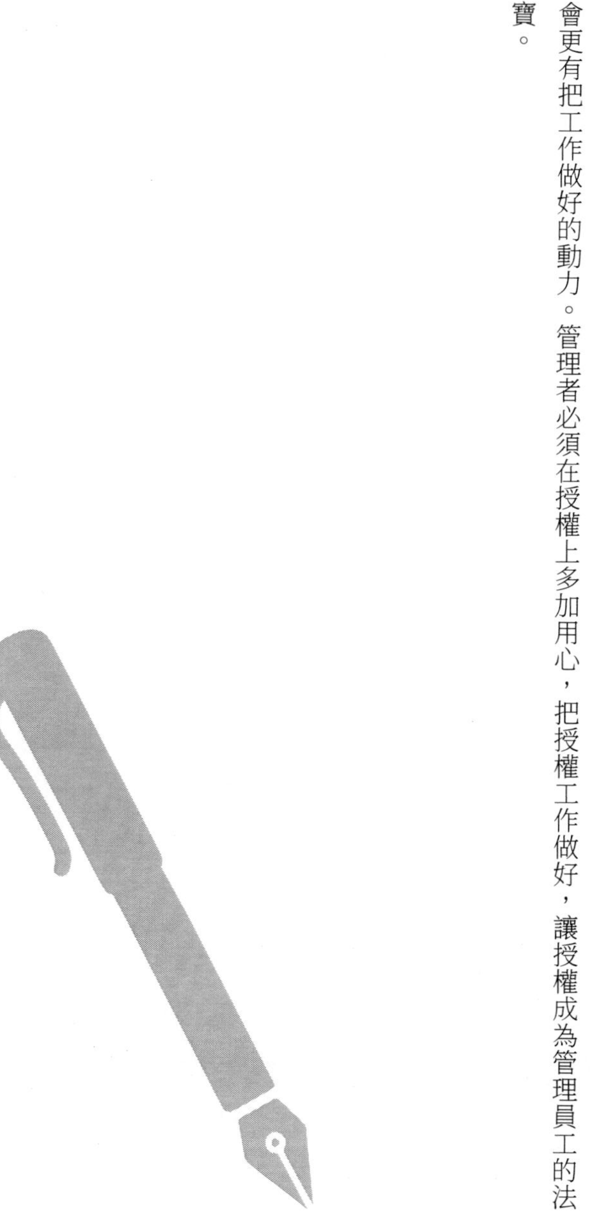

管理者為什麼會忙得暈頭轉向

有的公司不缺潛在的市場，也不缺現成的客戶，好想法很多，可以做的事情也很多，但很多事情做不下去。究其原因，往往是管理者可以做的事情很多，但他個人根本做不了那麼多，他又放不下去。所以很多值得做的事情就擱淺了，管理者僅僅在做「必須」做的事情。的確，如果公司骨幹為了工作經常不能好好睡覺，你怎麼忍心要求他做更多呢？

很多公司有同樣或類似的問題：一方面是市場潛力很大，另一方面是公司的管理者瓶頸阻礙公司抓住市場機會。這個問題最可怕的地方是，公司裡最能幹的那些人反而是公司最大的瓶頸。為什麼會這樣？一個原因是能幹的人往往太相信自己個人的能力，太追求完美。這樣的人反而不會像一個自己不是很強的人那樣更會利用別人的力量，幫助自己做好整個部門的事情。這個問題的解決當然在於讓管理者學會「授權」，在於部門管理者學會把大部分自己緊抓不放的事情下放給部門內其他人。

一位學設計的大學生，畢業後自己開了一家居家設計公司。曾經有一段時間，他白天出去跑客戶，晚上就在辦公室一宿一宿的給客戶趕設計圖。累了，就趴在辦公桌上打個盹，餓了，就泡個速食麵。連剛剛談上不久的女朋友，他都沒時間約會見面。他招來的那幾個專門做設計的員工又在做什麼呢？上班後，他們偷偷的通訊軟體聊天，邊玩 CS、魔獸等網路遊戲，因為沒事做啊——工作都被不放心他們的老闆搶去做了。下班了，他們一個比一個跑得快。後來，這位老闆終於發現，自己沒日沒夜的拼命，卻相當於開了一個免費的遊樂場，再這樣繼續下去，公司肯定會垮。於是，痛下決心將以前不放心交給員工的工作，放給員工做，自己將主要精力放在市場開拓上。再後來，老闆輕鬆了，與員工的感情也融洽多了，公司業績逐月上揚。

第七章 充分授權意味著信任員工

管理者為什麼會忙得暈頭轉向

企業規模小的時候，管理者可以透過自己的勤奮一件件打理。但是等企業規模大了以後，如果還要事事都親自去打理，那就會出現按下葫蘆浮起個瓢的局面。只有透過用人並授之以權的方法，才能使自己抽身，才能解脫自己，最重要的是才能激發員工的潛能。如今，這一方法越來越多的被世界上的成功企業總裁所使用，他們善於透過用人、透過授權去延伸自己的力量、激發員工的潛能。

某家企業的企劃部總監每一次談及近況時，總會抓抓頭頂日漸稀疏的頭髮，瞪著好像永遠沒睡夠的眼睛說：「最近忙死了，一邊是新品上市的企劃，產品定位、廣告創意、文字寫作、上市活動設計、物料製作等等一大堆的事；另一邊是巡視市場、擬定促銷方案、媒體購買和執行促銷活動……唉，總之，就一個字——忙。他們？他們有他們的事做，況且有些事他們也做不了……」其實，事實並非如此。當這位總監坐在電腦前一連工作幾個小時的時候，他的下屬們已經瀏覽了好幾份報紙，看完了互聯網上一場兩個多小時的NBA直播。

這位總監為什麼不將手頭的工作分一部分給自己的下屬做呢？為什麼不安排一些市場調查的任務給下屬呢？為什麼不叫下屬提前準備今後肯定要做的一些工作呢？在為了制定一份市場管理制度，總監幾乎要抓破頭皮的時候，他的下屬們已經聊完了明星的花邊新聞，開始將話題轉移到了貝克漢和他老婆辣妹的風流韻事上了。總監為什麼不讓自己暫時停下來，把下屬們召集到一起開一場各抒己見的短會，在很短的時間內群策群力的把這件事做得更好呢？為什麼不將某些環節的工作交給下屬，讓他們和自己一起跑起來呢？在為了一份印刷品、幾樣物料、一則報紙廣告，三番兩次往印刷廠、廣告公司、報社跑的時候，他的下屬們正在辦公室享受著空調，吃著零食，聊聊天。

校稿、催進度、定刊期及版面之類的事情，為什麼就不能交給自己的下屬來做呢？怕他們做不好？不放心？如果連這些技術較低的簡易工作都擔心下屬們做不好，那當初為什麼還要經過層層選拔，將他們招聘進自己的部門呢？其實，扭轉這般局面，使問題有所改善，並不需要很高的管理素養。

輕鬆做主管 Be a relaxing manager

用「心」管理，不是用「薪」管理

一些管理者總是擔心下屬素養差，對下屬的責任心與能力存在懷疑；另一些管理者則是擔心下屬能力太強趕超自己，這是管理者的陰暗心理在作怪——尤其是那些缺乏自信的無能的管理者。正是因為如此，管理者們更加堅定了「忙暈自己」的做法，以至於忽略了員工們的責任心與能力是完全可以透過任務得到檢驗而明朗化的。他們同時也限制了優秀下屬的脫穎而出，無形中阻礙了企業人才結構的優化進程，減慢了企業的成長速度。

真正出色的管理者應該主動推薦自己的優秀下屬走上管理崗位，這其實也是在幫助自己在企業中走得更穩，贏得更多。

松下幸之助說：「我身體贏弱，不能事必躬親，但反過來說，我只要花一分鐘就能把事情做好，這話怎麼說呢？只要我有意圖，然後下定決心，就等於已經成功了。『下決心』是社長的主要工作，與要不要戰爭由主將決定是同樣的道理。」現代企業制度的建立，使得管理者活動更具有複雜性和多變性，而善於授權、講究授權藝術應成為現代管理者活動的重要特徵和追求目標，當你感到要處理的事情沒頭緒，自己變成了一個忙碌的事務主義者的時候，讓你的員工「動」起來，使授權的魅力淋漓盡致的展現出來。

山姆．沃爾頓說：「一名優秀的管理者，最重要的一點就是懂得授權和放權。」他們往往樂於並且善於將權力分配給自己的下屬，他們懂得該放手時就放手，為下屬創造一個施展才華的舞台。麥可．波特也認為：「管理者唯有授權，才能讓自己和團隊獲得提升。」

美國環美傢俱跨國集團的總裁莫若愚老先生喜歡下象棋，閒暇時他總喜歡和公司的員工對弈幾盤。在莫若愚老先生的行銷理念裡，有許多和棋弈相通的亮點。他曾對一位高級管理者說：「用人就像下象棋，車往右走一步，棋就可能輸，而往左一擺，就贏了。同是一顆子，只要放好了位置，就能充分發揮它的能力和作用。」近四十年來，莫老先生沒有親手簽過一張支票，其實這只是他「充分授權」用人之道的一個小經驗。他曾經幽默的說：「具體的事情，如果我做錯了，連罵都沒得罵，而讓別人去做，我還可以保持罵的權力。」授權是提高員工工作效率和激發其潛能的重要途徑，是對員工的信任和提升。

是的，授權是管理者激發員工潛能的前提，也只有授權，管理者才能去做更重要的決定以及思考企業的遠景、方向。而員工則從被動的執行者，成為具有判斷、創新能力的人才，並發揮高效的執行力。

所以說，授權不僅是權力的賦予，也是讓員工學習和成長的開始。

分清輕重緩急

在一次講授「時間管理」的課堂上，教授先在桌子上放了一個裝水的罐子，然後又從桌子下面拿出一些正好可以從罐口放進罐子裡的鵝卵石。教授把石塊放完後問他的學生：「你們說這罐子是不是滿的？」「是！」所有的學生異口同聲的回答。「真的嗎？」教授笑著問。然後他從桌底下拿出一袋碎石子，把碎石子從罐口倒下去，搖一搖，再加一些，再問學生：「你們說，這罐子現在是不是滿的？」

這回學生們不敢回答得太快，大家都遲疑著。最後班上有位學生怯生生的細聲回答：「也許沒滿。」「很好！」教授說完後，又拿出一袋沙子，慢慢的倒進罐子裡。倒完後，再問班上的學生：「現在你們再告訴我，這個罐子是滿的呢？還是沒滿？」「沒有滿。」全班同學這下學乖了，大家很有信心的回答。「好極了！」教授再一次稱讚這些「孺子可教」的學生，接著從桌底拿出一大瓶水，把水倒進看起來已經被鵝卵石、小碎石、沙子填滿了的罐子裡。當這些事都做完之後，教授正色問同學們：「我們從上面這件事情得到什麼重要的結論？」

班上一陣沉默，然後一位自以為聰明的學生回答道：「無論我們的工作多忙，行程排得多滿，如果要擠一下的話，還是可以多做些事的。」這位學生回答完後心中很得意的想：「這堂課到底講的是『時間管理』啊！」教授聽到這樣的回答後，點了點頭，微笑著說：「答得不錯，但這並不是我要告訴你們的重要知識。」說到這裡，這位教授故意頓住，用眼睛向全班同學掃了一遍說：「我想告訴各位，最重要的知識是，如果你不先將大的鵝卵石放進罐子裡去，也許以後你永遠沒機會把它們再放進去了。」同學們恍然大悟，老師是在教他們做事情要分清輕重緩急，學會安排做事情的順序。

當代管理學之父彼得．杜拉克說過：「必須分清輕重緩急。最糟糕的是什麼事都做，但都只做一點，這必將一事無成。」

知識的海洋這麼深、這麼廣，而個人的時間和精力又是如此有限，因此在時間管理上我們必須要有選擇，先把重要的大事處理好，待有餘力才去做不重要的小事。要有所不為，才能有所為或有所作為。

某些愛好擁有權力的管理者會有這樣的認識，如果說我把權力授予下屬的話，那我自己所能掌控的權力豈不是大大減少了？表面上看確實如此，實則不然，想想，你掌權的目的是什麼？不就是為了把你管理的公司事務做好嗎？同樣，你授權的目的是什麼？不也是為了把公司的事情做好嗎？如果授權更能夠把公司事務做好，那你也更能夠穩固的掌權，瀟灑的掌權，所以說，授權也是為了掌權，兩者殊途同歸。

有一次，林兵去上好友主持的現場直播節目，由於是第一次參加直播，他早早就到現場待命。到了現場後，好友正忙著化妝。為了避免一會上場「不知所云」，林兵趕緊跟朋友索取節目行程表以及內容大綱。不料，正在貼假睫毛的好友眨著閃閃動人的眼睛說：「夠誇張吧！連我也還沒看到，拜託你去跟我的執行製作要，順便幫我拿一份。」

這個時候，林兵才發現有個蓬頭亂髮的女子，在化妝室裡衝進衝出，原來她就是那位執行製作。只見她一會急急忙忙的拿份資料跑去影印，一會又到工程部看其他節目的錄影情形，一會又像大夢初醒般的端了幾杯茶進來給「特別來賓」喝。等好不容易拿到「熱得冒火」的節目行程表及內容大綱時，離上場時間只剩下二十分鐘，在場每個人都發揮考前K書的精神，努力看稿。好友一邊看稿還一邊不放心的問：「布景準備好了嗎？」沒想到這位執行製作竟然喘了一口氣後回答：「正在組合中。」接下來的劇情可想而知，絕對緊張，保證刺激。錄完影後，這位平日談笑風生、妙語如珠的好友無奈的對林兵說：「千萬別跟『無頭蒼蠅型』的人一起工作，他們是哪件不急做哪件，完全分不清楚事情的輕重緩急。」

這雖是好友的一時氣話，但林兵想，要想和「做事不分輕重緩急」的人共事，一定要有顆「強壯無比」的心臟，否則，你不是被氣死，就是被急死。

一個管理者說過這樣一番話：我剛開始有助手時，對他所做的一切都感到不滿意，為了給他交代清楚他要做的事，往往花費我很多時間，結果他還是做不好，最後還得我自己來收拾殘局。配備助手並沒有給我騰出時間，但有一天我突然醒悟了：如果我老是對助手不放心，總是過多插手，助手就永遠也做不好，我就永遠也別想騰出時間來。因此，我將業務進行分類，除了必須由自己完成的，其他全委派給下屬，儘管開始他們做得沒有我出色，但透過放手讓他們做，可以使他們得到培養，我也能夠從他們的工作中發現誰是真正得力的助手。

這位管理者的例子正好說明了之所以要授權的緣由：管理者不是超人，精力是有限的。一個人只有一雙手，公司裡的事情又是千頭萬緒，如果試圖自己去做所有的事情，即使把自己累死也做不完。所以，必須透過合理的授權來提高工作效率。透過正確的授權，使自己只處理那些必須由自己處理的事情，如重要問題的決策、人才的使用以及必須由自己出面解決的問題。這樣，他才能夠在同樣的時間裡做更多的事情，而不是將自己淹沒在那些日常瑣碎的事情中，表面上看忙忙碌碌，但實際上並沒有解決多少問題，或者只是做了本來應該由別人做的事情。

管理者不是超人，也有自己不擅長的領域，不熟悉的方面。正因為如此，更應該授權，並且授權的時候要能夠人盡其才，大膽任用精通某一行業或崗位的人，並授予其充分的權力，使其具有獨立做主的自由，能自己做出決定，激發他們工作的使命感，做到了這一點，每一級的管理者必定可以圓滿的完成各自的任務，進而達到公司發展的目標。

把應該授予的權力授予員工

管理者給予員工多大的權力，員工就會產生多大的動力。約翰．麥斯威爾在《二十一條顛撲不破的管理者原則》一書中寫道：管理者給予員工多大的權力，員工就會產生多大的動力。有經驗的管理者會認真的研究向員工授權的方式與授權的範圍。員工在得到授權後，也獲得了更加靈活的發揮自己創造力與才能的空間。

思科公司的總裁錢伯斯認為，最優秀的管理者並不需要大包大攬，事必躬親，其關鍵作用在於如何把人員合理的進行統籌安排。他說：「很久以前我就學會了如何放手管理。你不能讓自我成為障礙，成為一個高增長公司的唯一辦法就是聘用在各自的專業領域裡比你更好、更聰明的人，使他們熟悉他們要做的事情，要隨時接近他們，以便讓他們不斷聽到你為他們設定的方向，然後，你就可以走開了。」如果是中央集權制，即上面做了決定，下面只是執行，大家就不會有動力。而錢伯斯的做法是：不告訴下面的人應該怎麼去做，而是告訴他們一個目標，讓他們來看怎麼實現這個目標。在錢伯斯的「分權」理論指引下，整個思科的管理方式都有了極大的變化：他們摒棄了「指令性管理法」，採用「目標管理法」。任何人都不能夠對員工的具體工作指手畫腳，上司大體制定一個方向，具體操作就由員工自由發揮了。這樣一來，在目標的確定上由上下級共同討論商議完成，在目標的實現上，員工會有很大的靈活範圍來採用具體方法。每個人沒有必要一定要聽從其他人的指令才能夠完成任務，員工自己的方式也許會將工作完成得更好、更快。

在思科，高級管理層確定策略和目標，建立公司所需要的文化，然後放權到基層，公司更多的基層人員擁有決策權。這樣做就使得公司的許多事情是由市場來決定的，而不是公司決定市場。而且隨著互聯網的飛速發展，思科也發生了新變化：許多以前只能由高級管理層掌握的資料現在到了個人手中，像基層人員和客戶。放權給他們，決策的品質會得到更快的提高。

錢伯斯認為，一個人的能力是有限的，只靠一個人的智慧指揮一切，即使一時能夠取得驚人的進展，但是終究會有行不通的一天。因此，思科公司今天的成功不是僅僅靠首席執行官的管理，不是僅僅依靠高層管理人員的努力，而是依靠全體思科員工的集體努力才獲得的。

授權不是一件容易的事，既需要智慧，也需要勇氣，還需要對人性人情有比較深入的了解。管理者敢於大膽授予全權，主要是有識人的眼光，知道什麼人可以信任，什麼人不可以信任，至少有八九分把握才授出權力，一二分風險，那是勇氣可以擔當的。

在授予權力時，管理者要把責、權、利三個方面的事務都交代清楚，讓步下知道自己該做什麼、能做什麼和有什麼好處。這三個方面有一項不清楚，下屬就會心存疑慮，既影響能力發揮，也影響積極性。

有些管理者只授予責任不授予權力，或者雖授予權力卻不申明利益，只是籠統的說：「好好做，我不會虧待你的。」到底不虧待到什麼程度，下屬並不清楚，怎麼會盡心竭力呢？在西方企業，流行股權分配，只要做得好，好處一目了然，所以很少有不負責任的管理者。在中國企業，股權分配受到各種制約，暫時尚未普及，但給部下講明好處還是大有必要的。

金世宗時，從外路胥吏中選補優秀人才入朝，阿魯罕從應選的三百人中以第一名的成績脫穎而出，此時已年近六旬。以後的任職歷程中，阿魯罕在多個崗位上做出了傲人的業績，以自己的品行、才幹贏得上層的器重，職位也由此一步步得以升遷。當其最終被朝廷任命為參知政事的要職時，在任上做了還不到五個月的時間，就因年邁病重而請求辭職了。金世宗深為惋惜，對朝臣說：「凡要用人，應當在他心力旺盛時就委以重任，如果考慮資歷、門第，往往會使那些有才能的人到了年邁體衰的時候，還沒有

第七章 充分授權意味著信任員工

把應該授予的權力授予員工

提拔到充分施展其才智的崗位上，他的才能還未來得及發揮，心力就不支了。」

如果一個管理者不明白為公司培養人的責任，就很可能成為公司的瓶頸，極強的個人能力就會成為公司的一個負擔。這個問題的解決在於讓管理者學會「授權」，在於部門管理者學會把大部分自己緊抓不放的事情下放給部門內其他人做。

有魄力的管理者不僅善於授權，還會鼓勵員工合理使用授權，給予員工必要的支持與幫助，促使他們實現自己的目標。一些管理者擔心項目會失敗，員工在工作中會偷懶，因此不願意向員工授權，極力壓制員工得到授權的渴望。而有的管理者認為：要想教會一個人正確的做一件事情需要耗費太多的時間，還不如我自己一個人完成這件事呢。

從某種意義上來說，這句話自有它的道理。現在，人們的工作節奏越來越快，我們傾向於把目光集中在那些手頭上急需處理的事情上。如果我們想盡快完成某一項工作，最好自己親手去做。但是，作為管理者，我們不僅要對工作進度負責，更應該對員工的發展負責。有了有效的授權，員工的工作技能才能逐漸提高，才能營造出一種珍惜權力、善用權力的工作氣氛，並逐步提升團隊的戰鬥力。

做一個「只說不做」

很多管理者一旦面對緊張階段或棘手問題，就往往會放心不下下屬的辦事能力，把自己陷入到繁瑣的事務中去，甚至把事情搞得更糟。管理得法者往往如庖丁解牛，一切問題迎刃而解；管理不得法者，凡事就得事必躬親，分身乏術，每天都有做不完的工作，不勝其煩。有時當你從頭管到腳時，效果往往並不好。

有些管理者，從開始進行管理時就下定決心要解決企業記憶體在的一切問題，這種觀念本身就是一個嚴重的錯誤。當管理者力求按照一般的管理原則來進行管理時，常會得到事與願違的結果。這種違背自己初衷的情況使管理者處於一種尷尬境地。

在任何時候，組織機構總會存在這樣或那樣的一些問題。有問題存在是正常的，沒有問題反而不正常。管理者要允許問題存在，特別是要允許那些無關緊要的問題的存在。

有些管理者深感自己責任重大，經常事必躬親，廢寢忘食。總希望能更多的關心和處理組織中的各種事務。這種精神是值得肯定和讚揚的，特別是當管理者臨危受命時，必須身先士卒，事無巨細。但是，對正常的管理秩序來說，管理者應該注意和防止這種越位管理現象不恰當的存在，在大多數情況下，應該強調按照組織規定的共同程式來進行管理，越位管理不能經常化和習慣化。

傑克．威爾許曾為公司高層管理人員做了一次別開生面的培訓遊戲。遊戲時，他給每個參加者發了一頂帽子和一雙鞋子。然後問大家，今天為什麼發帽子和鞋子？下屬們說，可能是明天有登山活動吧？威爾許又問，假如還發衣服乃至內衣內褲給你們，大家會有什麼感覺？下屬們一片「噓」聲，紛紛搖頭說：「不好，不好，感覺怪怪的，很不舒服。」威爾許說：「對了，你們不要，我也不該給。」管理之妙在於只「管頭管腳」，而不是「從頭管到腳」。

無論是從管理者個人的精力、時間、經驗，還是從調動下屬積極性，使人盡其責、各司其職的角度看來，越位管理都會帶來許多負面效應。如果管理者經常直接到一線指揮，對基層人員經常進行不準確的批評，或者是隨意改變下屬所作的決定，這種情況久而久之會使組織的各級管理層都不負具體責任，人浮於事。大小事情都推到管理者一人手裡。

在管理過程中，不管往往也是一種管理。這就要區分管理者的許可權，該管的管，不該管的不管。而實際情況常常是，該管的不管這種錯誤容易被看到，不該管的卻管了，這種錯誤由於實用而易被忽視。特別是上級越權對下級管理時，還難以被糾正。因此，管理者對下屬行使管理時要特別注意這個問題。

美國有個叫漢斯的企業家在發展了幾家大百貨商場後，依舊採用小店鋪的老闆作風，對公司的上上下下關心得極為透徹：哪個管理者做什麼，該怎麼做；哪個員工做什麼，該怎麼做，他都布置得精微妥帖。而當他出外度假時，才出門一週，反映公司問題的信件和電話就源源不斷，而且淨是些公司內部的瑣碎小事。這使得漢斯不得不提前結束原準備休一個月的假期，回公司處理那些瑣碎的問題。

企業老闆全面管理、包辦一切的另外一個害處，是不利於調動部下和員工的積極性與創造性，不能盡人才之用。創造性只有在不斷的實踐中才能展現出來，而越權指揮的管理者恰好就截斷了通向創造性的通道，使員工和部下的行為完全聽從於個人的命令和指揮。長此下去，會使他們認為想也是白想，老闆一切都安排好了，即使有再新再好的創意也難見天日。個人的創造性不能在公司創業的過程中得以展現，人也就沒有什麼積極性可言，慢慢的人就變成像機器一樣，出了問題，出了毛病，便停止工作，只有等老闆趕來修好才能繼續運轉，沒有一點的能動性。對於那些有才華、有能力的部下或員工，他們會比普通人更加迫切的希望展現自己的價值，而工作中卻處處都得不到展現，在這種情況下，難免會有一

輕鬆做主管 Be a relaxing manager

用「心」管理，不是用「薪」管理

種壓抑感，積得久了，就會遞個辭呈走人，這是可以意料的事。

有些管理者習慣相信自己，放心不下他人。他們經常不禮貌的干預別人的工作過程，這種病態心理會形成一種怪圈：上司喜歡從頭管到腳，越管越變得事必躬親，獨斷專行，疑神疑鬼。同時，下屬就越來越束手束腳，養成依賴、從眾和封閉的習慣，把最為寶貴的主動性和創造性丟得一乾二淨，時間長了，就會使組織機構得上「弱智病」。

需要注重的是管理者行為的結果，而不是監控行為。工作結果是衡量成敗的唯一標準。這就如同越野比賽，只要把起點、終點和比賽路徑確定下來，每個人都可以按自己的方式去拼。至於誰快誰慢，以及為什麼快為什麼慢，自然會看得清清楚楚。組織給予員工足夠的空間，員工則以極大的努力回報組織，這會形成一種良性的循環。可見把實現結果的過程交給下屬，只用過程的結果來衡量下屬，這是一種非常有效的管理方法。

有時候，組織中管理者的角色就像賽場上的教練員一樣。教練是不能上場親自參加比賽的，只能在場下指導運動員。因此，管理者應該多一些組織、輔導和制衡，而不是老想著自己上場。

一個人有什麼樣的觀念，就會有什麼樣的行動。只看到「授權」有其困難一面的人就會無法放權，這是自然而然的事情，而這樣的管理者逐漸成為部門乃至整個公司的瓶頸也是必然的。

但事實是，上面的那些聽起來很有道理、也符合我們每個人個人經驗的觀念是完全錯誤的。管理的「過來人」都知道，真正的世界不是那樣，而是這樣的：如果你不去培養一個人，你就永遠找不到可以培養的人。當你決心這麼做的時候，你會發現很多人都有很大的潛力。他們可能和你不一樣，但給他們足夠的時間和磨練，他們的表現未必不如你。當你把一件事放權給別人的時候，事情也通常沒有你想像的那麼糟糕。任何公司離開任何人都能運作，何況「授權」給別人不是說你就不管不問、放任自流了，有問題出現你幫助解決就是了。當然，教別人時花的時間肯定比你自己做要多好幾倍。但是你忘了，教會別人以後你就再也不必事必躬親。用短期的痛苦，換取長期的解放是值得的。這樣，你對公司的作用和影響力才能倍增。

放權，學會有效忽略

有一句古詩是「諸葛亮一生唯謹慎，呂端大事不糊塗。」讀歷史的人都知道，呂端小事是糊塗的，但這並不妨礙他大事清楚。呂端算得上是一個有大智慧的人，有志投身管理的人，不妨學學他。

有一位百貨公司的老闆，總是愛包攬下屬的事務，好像凡事自己都可以一試身手，為部下放心省力。有時，他還以包辦下屬的事為榮，親自處理公司裡大大小小的業務，不論是檢查進貨品質、入庫倉管，還是調查市場行情、改善服務品質，總是事必躬親。結果，手下的職員產生了依賴感，有的人還有抵觸情緒，以為老闆不信任自己。長此以往，公司裡的事都要找老闆，只要沒有他在場，有些工作就無法開展，業務陷入混亂狀態。其實，這種局面的產生，原因只有一個，過於大包大攬。正是這一工作方法，使職員們養成了依賴老闆的習慣，有了他，一切正常，而他一旦離開，這種管理方法的弊端就暴露無遺。大包大攬的思想要不得。大包大攬容易推卸他人的責任，也會使人產生不信任心理。

千萬不能學時下的一些管理者們。因為他們似乎罹患了一種症候群，他們都存在一種不安全感，對任何事情都想弄個一清二楚。他們浪費許多時間去調查每個員工在做什麼，懷疑是否有人效率不彰，是否有人工作失誤，他們擔心沒有自己的過問和參與，員工就無法將事情做好。他們完全沉溺於一些日常瑣事之中，他們似乎應了一句古話：只見樹木，不見森林。這是許多人根深蒂固的弱點，他們希望第一個知道員工出現的錯誤，也希望員工第一個告訴自己。他們喜歡看那些長篇大論式的報告、大堆的資料和分析，他們可能每五分鐘就要接一個電話，當他們越來越多的獲取這些無用的資訊時，便創造了一種沒有必要的忙碌情景。

一位大公司的總裁到一家下屬工廠召開現場改善辦公會。會上，總裁誠懇的向現場的員工徵詢有效提升工作績效的建議。一些員工提出：公司授予工廠主管的財務支配權太小，只有一萬元的審批權，而一旦工廠裡出現一些亟待解決但卻超過主管財務支配許可權的問題時，需層層申報，而經過繁瑣的組織程序將現金批下來的時候已經延誤了工作進度。他們羅列了一些例子來著重闡述，他們希望公司能就此問題加以改善。總裁聽後當即宣布將工廠主管的審批權提高到十萬元，此舉頓時贏得了員工們的熱烈歡迎和擁護。

作為管理者，如果你真正將某一工作委託給員工去做，你應該相信他們能夠獲得充分的有效資訊，並且能夠有效的完成工作。一旦你自己親自去掌握資訊，自己做出決定，實際上就是解除了對員工的委託。

作為管理者，你應該掌握充分資訊，以便讓自己做出合理有效的決定，同時能夠監督了解員工所進行的一切，還能夠為自己的上司提供所需的資訊。當你決定廢除等級制度時，你必須注重常規監督方面的資訊。很自然的，你會對員工所做的事情充滿興趣，並且要求他們按規定寫出進展報告，這種報告可以是按日、週、月，具體根據經營業務來定。應該強調的一點是，常規報告中所提供的資訊應該專門針對部門的整體目標，其他資訊可以不必考慮。誠實而論，難道你真的需要那些假日計畫、缺勤統計、每台機器工作的詳細情況嗎？你真的需要知道誰參加了會議，會上討論了一些什麼嗎？你真的必須知道他們工作中的每天、每一分鐘都在做些什麼嗎？

所有這些都應建立在高度信任的基礎上。你必須信任員工，保證他們會將一些重要的問題隨時告知你。作為管理者，忽略掉某些工作確實對自己和員工都十分有利。但對於那些重要的工作，你必須親自去做，如會見顧客，與員工一起談論昨晚的電視，考慮部門的長期發展規劃，與部門的其他同事保持良好的關係，進行培訓等。與之相反，有些事情你完全可以不去過問，你可以委託員工單獨去做，讓他們向你彙報一下結果即可。你不用考慮員工每天在如何完成他們的工作，而只需看看他們每天做了些什麼。也就是說，對於工作中一些無關緊要或者一些細小的事情，你應該學會有效的忽略，讓員工自己去處理和面對。

雷·耶夫納每天早上到《富比士》雜誌對面的餐廳喝咖啡，在那裡和《富比士》各部門主管輪流交談，了解各部門的進展狀況，再決定哪些主管該和布魯斯·富比士面談。「那是我第一次感到手中握有無限大權。」雷·耶夫納這樣說。精神抖擻的他採取的第一步行動是擴大版面，並且加大行間距離，方便讀者閱讀。此外，他讓部屬有事直接向他彙報，不必像以往那樣層層報告。六個月內，果然重振往日雄風。這一切和布魯斯·富比士的充分授權是分不開的。

同樣，馬扎·富比士也將所有重大事務交給部屬去做而不插手。正像吉姆·麥可斯所說：「在馬扎底下做事，我可以為所欲為，只要別把事情搞砸就行。」

吉姆·麥可斯可以一眼就看出什麼樣的報導能吸引讀者，在他的指揮下，記者們可以發揮出連自己也意想不到的潛力；而且經過他的指點，再枯燥的文章也能讓人讀得津津有味。他可以只根據手邊資料資料，把一篇文章的論點整個顛倒過來，而且文章更為精練。馬扎·富比士充分信任吉姆·麥可斯的編輯天分，請他任《富比士》的總編，全權負責處理編輯事務。那時，吉姆·麥可斯的權力很大，可以全權決定編輯記者的僱傭、加薪、解聘等事宜。吉姆·麥可斯當時制定的編輯方針是：加強記者的報導能力，把重點集中放在揭發各公司管理不當或制度腐化方面。此時，《富比士》的原則是：有問題就要擺出來講，絕不容情。其報導內容詳實準確，針對性很強，這全是吉姆·麥可斯調教出來的報導方式。

有效忽略，就是讓員工自己去完成他們的工作，而不要過多進行干涉，相信他們如果出現錯誤或者想做工作作改進之時，會主動與你聯繫，和你討論問題的解決辦法，請求得到你的支持。學會有效忽略，還有一個好處就是你可以早點回家，見到更多的家人，擁有更多的時間去鍛鍊，你可以因此而放鬆，提高自己的工作效率。你確實值得一試，你會發現，即使你對所發生的事情一無所知，你的部門也不會因為你的忽略而大亂和消失。事實上，如果你沒有不時找員工去了解一些無用的資訊，他們會一切正常，而且可能做得更好。

放權給成就欲很強的人

在單位中，經常會有一些成就欲很強的人，他們總是追求崇高，渴望成功，而且擁有成功的各種素養，聰明能幹，自信自強，具有超凡的創新意識和勇於創新的膽識。他們不論做什麼事，總能竭盡全力（當然首先要他們願意），而且一般都能完成得較為出色。他們喜歡設定特殊的目標，同時也能圓滿完成這些目標。時間的緊迫，外界的干擾，個人的挫折或情緒的變化都不足以影響他們優異的表現。他們勇於接受挑戰，越是沒人能做、敢做的事，他們越是有做好的欲望。

蓋茲把繁事簡化，因為他認為自己的員工都很聰明，應該信任員工，讓員工自行決策，如果員工不守法，他會單獨處理這個員工，而不是處理所有員工。微軟的員工對他們的工作有權作任何決定，因此他們的決策非常迅速，但每當他們要提出一項建議時，也必須提出適合的替代方案，並列舉優缺點。這樣做的用意是要訓練員工的思考能力，如果事先都將可能的狀況和問題考慮過了，當原方案失敗時，就可以立即採用替代方案，不會措手不及。

微軟從不規定研究人員的研究期限，只是對開發產品的技術人員規定了期限。「真正的研究是無法限定期限的，因為都是一些未知的東西，但開發必須有期限，這是研究與開發最根本的區別。但是，如果我花了兩年時間還沒有研究出結果，我就會認為這個項目可能不是一個非常好的項目，我往往會放棄它。」微軟首席技術官巴特對蓋茲在員工信任方面的做法頗有感觸。五十二歲的他透過蓋茲親自面試進入微軟公司，得到了相當寬鬆的工作環境。之後，除了蓋茲有時向他請教一些問題外，幾乎沒有別人來打擾他。巴特說：「微軟也不給我派什麼任務，也不規定研究的期限，我可以一門心思的鑽研一些我感興趣的問題。有時，蓋茲來問我一些很難解答的問題，比如大型儲存量的伺服器的整體架構應該是怎樣的？像這一類的問題我一般都不能馬上回答，而要在一兩個月之後才能答覆，因為我要整理一下材料和思路。」

在這種充分的信任下，巴特既不需要從事繁重的產品開發工作，也不需要從事繁瑣的行政管理工作，只是安心從事自己喜愛的科學研究就可以了。大多數時間他都待在微軟研究院裡，即使幾個月、一兩年都沒有研究成果，他的薪金和股份也不會受到影響。在這種寬鬆的工作氛圍的吸引下，謝利、巴爾默、西蒙伊、萊特溫……一批英才聚集到微軟的大旗下，圍繞在蓋茲的身邊。「這都是些重量級的思想家。」蓋茲頗為自豪的說。

擁有能幹的職員，無疑是公司的一大資產，但是，就像你擁有一塊玉石，而要把它雕成一塊玉器珍品是一件很困難的事一樣，要管理好這類人，並能最大限度的發揮他們的能力，也是一件麻煩的事。正因為他們是一個特殊群體，和他們特殊才能相應的是他們的特殊心理、特殊處世方式以及特殊的個性。他們自以為是，相當自負，不會輕易改變自己的觀點。他們很不喜歡受人操縱和受人支配。對管理者，他們不喜歡那種指手畫腳的命令，雖然他們本身更注重內容，辦事也講實質，但他們卻很注重自己的形象，也要求別人尊重他們的形象。他們最在乎的是別人的認可，最希望得到的是管理者的信任，而薪水有時並非是他們最渴望的。

對於這些有卓越成就欲者，管理者們容易犯一些錯誤，進入一些管理誤解。有些管理者怕出亂子，不會輕易放手讓他們自由馳騁。還有些管理者會產生嫉妒心理，感覺這些人是對自己的一種威脅，他們的能幹就襯托出了自己的無能，所以想方設法的壓制他們，當然更不會給他們機會。還有些管理者有著強烈的支配欲，想方設法要展現自己的地位，軟硬兼施的企圖控制他們。

顯然這些做法都不能使這類人充分發揮才能，結果很可能使他們棄你而去。其實要駕馭一個人，最有效的辦法就是，設法讓他知道你了解他，能滿足他最需要的東西，同時，能毫不留情但又妥當的指出他的不足，這時你就能處於一種積極主動的位置。

首先，我們可以給他們一些特定的指標，而且要盡量高一些的指標，這會讓他們感到一種信任和挑戰，然後規定一定的日期，這是壓力，以期充分發揮他們的才能。同時能給他們一些特殊優惠、特殊的權力，這是一種特別的重視，這就更能激起他們的鬥志。平時要讓他們發表自己的觀點，給他們表現的機會。

隨著公司規模的擴大，銷售人員以及新老顧客越來越多，經銷商李老闆意識到不能一個人唱獨角戲了，於是把所有的人員召集來，說：「目前公司的情況大家都很了解，這麼大的規模不能由我一個人說了算，所以從現在開始，我決定授權。採購、倉管、財務、銷售、服務等各個部門，你們都有各自的職責範圍，從今天起，大家可以自己拍板。不過，在作出任何重大決策之前，請先徵求一下我的意見，但是要記住，不要作那些我不會去作的決定。」李老闆本想從此過起高枕無憂的生活，沒想到一個月後發生的事情，讓他措手不及，甚至哭笑不得。

首先是銷售部門，他們把眾多新進的過時產品拿出來搞促銷活動，由於之前管理者說過可以自己拍板，於是他們就像欽差大臣一樣自作主張給客戶贈送了大量的促銷品，並向客戶承諾更多的服務內容。結果，產品銷量是上升了，但到月末算帳時才發現，營業利潤總額卻下降了；其次，採購部門認為要獲得老闆的賞識，就必須嚴格遵照老闆原來的做法。於是，一如既往的進購一些和先前的型號、款式一樣的產品，儘管銷售部一再反映這些產品的銷量並不好，採購部卻依然固執的照進不誤。別的部門也不例外，總之，整個公司像一鍋粥一樣熱鬧。

李老闆困惑了：為什麼我將權力下放了，卻沒達到預期的效果？我錯在哪裡呢？李老闆錯就錯在沒有抓住授權的有利時機，他只看到了公司目前表面的壯大，並未意識到在新老顧客並不十分穩定，而且他對各個部門的情況還不十分了解，也沒得到員工的第一手回饋資料時，就盲目授權，這必然導致授權的失敗。

但要記住，你也要經常冷靜的指出他們觀點中的不足，顯然他們的觀點中很大一部分是精闢的，但能指出一點不足還是容易的，也是必要的，這樣能很好的駕馭他們。當然，在工作中不要忘了對他們的出色表現給予及時、中肯的讚揚。但如果單位的報酬機制不合理的話，也是個麻煩，因為他們也希望得到相應的報酬，否則他們會感到這是一種不信任，似乎自己沒被認可。

學會授權，以權統人

多數人想當官，想擁有一點權力，所以要做好管理，管理者就不能把大權都統在自己一個人手中，而應將權力分一些給部下，以權統人。從另一方面來說，一個人的能力總是有限的，即使管理者能日理萬機，要把所有的事都照顧過來，都辦好，那也是不可能的。

露西是一家餐廳的老闆，她想擴展公司的業務，但又怕公司難以應對迅速增加的訂單。她最大的擔心是，她不得不因此從外部投資者那裡獲得資本和投入。儘管她是一個了不起的廚師，但露西感覺，這樣的業務決斷超出了其經驗和能力。露西的一名麵包師告訴她，尋求外部合作並非公司擴大規模的唯一選擇。這名手下建議露西，她可以考慮和其他團隊成員分擔公司某些明確的職責，進而達到擴大公司規模的目的。這樣就避免了因擔心失去控制而躑躅不前。露西採納了這一建議，分析了公司業務的幾個關鍵部分，挑選出一名值得信賴的雇員負責拓展公司業務。令她驚訝的是，這次策略性的「冒險」回報明顯，這名雇員帶來了很多新業務，遠遠超出露西的想像。

管理者要想讓自己的才能得到發揮，要想維護權力系統的有機運轉，就必須在抓住主要權力的同時，合理的向下屬授權，這對搞好工作，提高管理者工作的效率，有著極為重要的意義。

一方面，授權是實現總體管理目標的需要。任何管理目標都是若干較基層目標的總稱。所以要搞好管理，實現目標，最好的方法是把較大的管理目標，分成若干較小的目標，再由專人負責不同的目標，這樣可以減少精力分散，可以讓多級管理者齊心合力為實現總體目標而努力。

秦衛是三個月前到這家公司的，以前他對這家公司的了解並不是很多，只是在應徵的時候感覺這家公司的辦公氣氛挺好的，辦公區的每個隔斷裡面，大家都在埋頭苦幹，一片秩序井然的樣子。不過，公司老闆張總在面試他的時候說過的一句話：「不要什麼事都在旁邊看著，要能控制得住」，他當時並不是很理解。到這家公司正式上班後，秦衛才逐漸弄明白這句話的意思。

在一次重整考核制度的計畫中，秦衛將制定制度的部分任務交給了自己的一個下屬。那個下屬弄好方案後，秦衛大致的看了看，並在內部進行了討論，調整了部分條款。但是，在呈報給張總後，張總卻以「制度精神和條款內容還不錯，但是語句和個別言辭需要重新修改」為由，返給秦衛，末了，還加了一句「你的文筆很不錯啊，幹嘛不自己來做呢？」這句話讓秦衛明白了，倉管部主任為什麼會和搬運工一起搬運貨物的原因所在。不過，也是這句話，讓秦衛逐漸陷入了事無巨細都要親力親為的漩渦中。但是，公司並不只有秦衛才是這樣。從張總到公司管理層，幾乎人人都有忙不完的事。以銷售部經理何錚為例，這位要在年末評講的先生，演講稿準備了一個禮拜，也沒有在開會到來的前一天準備好。為什麼會這樣呢？何錚一會要審查報表、準備銷售報告；一會要巡視市場；一會要代張總接待客戶；一會又要跑電台、電視台；一會又要應酬——他不是沒時間準備演講稿，而是忙忘了！到了開會這一天，這位原本打算好好表現一下自己的銷售部經理，連演講稿的一半也沒完成。

同時，公司中有能力、有抱負的基層員工，卻由於缺乏足夠表現和鍛鍊的機會，而閒得想辭職。

另一方面，授權可以發揮下屬在管理者工作中的積極性、主動性和創造性，可以使管理者的智慧和能力得以延伸和放大。讓組織中的局面由管理者一個人忙得不可開交而部下不知該做什麼，一個個員工無所事事，變成整個組織的員工都忙起來，而且忙得有意義。同時，授權有助於使下屬在實際工作中得到鍛鍊，提高其工作能力，有助於其全面發展。如果所有的下屬都得到了這樣的鍛鍊和提高，那整個組織中員工的整體素養水準就可以相應的水漲船高。

最後，授權可以使管理者從一般的事務性的工作中得以解脫出來，集中精力抓一些大事。管理者的職責應當是考慮組織的發展大計，制定整體性的、宏觀的目標和計畫，而不應當糾纏在一些小事上。

輕鬆做主管 Be a relaxing manager
用「心」管理，不是用「薪」管理

草原興發集團是崛起的新秀，集團總裁張振武有一段精彩的比喻：「企業經營是一台戲，老闆是導演，人才是主角。這台戲叫不叫座，就看你怎麼用人才。」只有用好人才，讓每個人的才能都發揮出來，整個舞台才會精彩。

張振武從自身做起，只任人唯賢，不用人唯親，大才大用，人盡其才：首先，他批量接收大學畢業生，是「草原興發」打破家族人際關係的「得意之筆」。十餘年間，先後有一千六百多名大學畢業生加入「草原興發」的員工隊伍，這使「草原興發」的員工隊伍由當地農民組成的，迅速成長為整體素養高、技術人才多的「正規軍」；其次，不尚專權，培養一批年輕的管理人才。許多企業在經歷了從創業、發展到壯大的過程之後，便出現了「元老問題」。「草原興發」對待元老的辦法，被張振武稱之為「政治上安撫，經濟上穩固」。元老們退位後，經濟收入比現任決策層的主管還多，並保留了他們各自能夠勝任的職務，有的還成了受人尊敬的高級顧問。那一次，「草原興發」風平浪靜的退出了五名元老級董事。隨後，一批精明強幹的年輕人走上了高層主管崗位，公司的決策層立刻充滿了活力。

在「草原興發」，很多人都有一段奮發向上而後被「知人善用」的故事。副總經理周學軍，一九九三年大學畢業時「毛遂自薦」到「草原興發」創業，先後當過技術員、廠長和分公司經理，他對企業用人的感受是「只要肯付出，就會有回報」；總經理助理劉斌，原是食品公司的辦公室主任，一九九七年「草原興發」兼併該公司時被一同「收編」過來。他對企業用人的感受是「只要有能力，就會受重用」；健康食品廠品質廠長麗紅，二○○○年高職畢業應徵到「草原興發」，從工人、技術員、生產線主任到廠長，只用了兩年多的時間。她認為，只要按照「忠誠、敬業、合作」的企業精神去做，就會有進步。

是龍，就給他一條河讓他翻騰；是鷹，就給他一方天讓他翱翔。這就是「草原興發」的用才之道，授權就是為了用人，用人就要用到極限，讓人盡其才！

授權是一個重要的管理方法，也是一門精巧的管理藝術，所以管理者不僅要充分認識其重要性，還要在實踐中認真的摸索，在運用中學會授權。

主要管理者應當是帥才，總攬全域，通盤考慮關乎全域的大事，應當管好「面」上的大事；其他管理者則是將才，他們應當各司其職，管好「線」上的工作；而員工則是士兵，應當做好自己的本職員作，做好「點」上的事情。因此，組織的最高管理者應當學會「大權獨攬，小權分散，以權統人，調動部屬」。

放權不等於放任

從某個方面講，信任是管理者對下屬品質、能力的充分肯定，讓他按照制定的原則自己行事；但是這絕不意味著讓那些不具備良好品質和突出能力的下屬任意所為，以至於破壞企業形象。因此，信任是一種理解和依賴，放任則是一種散漫和縱容，作為企業管理者應當記住這一點，切忌混淆了兩者的關係。因此，信任下屬是必要的，但不要過分，走上另一個極端：放任！

張經理最近比較鬧心。他無奈的向同行傾訴：「我的助手小王，做事真是沒效率。一天我交給他一項任務，本想著他會召集其他員工一起做。沒想到他卻一個人埋頭苦幹，根本就不讓下級人員來幫忙，結果把事情給耽誤了，這樣下去，我總有一天要被他拖累的。」

幾乎在同一時間，助理小王也在向一位朋友傾訴：「我真受不了我的上司了，上週，他把我叫到辦公室交給我一項任務，說是比較急並要我立即做好。在進行這項工作時，我想得到一些下級人員的幫助，也找過一些人，但是卻無法得到幫助。他們說，除非他們得到張經理的允許，否則他們就沒有時間來幫助我。就這樣，我只能一個人做，結果耽誤了整個事情。就這樣，張經理就把責任全都推給我了。」

相信你讀過這個事例，就能知道問題出在了哪裡。如果張經理能夠提前把授權給助理做事的情況通知給大家，助理小王也不會一個人埋頭苦幹了。這樣就能避免後來不必要的誤會，還能使工作提前完成，員工更有幹勁，何樂而不為呢？

信任不是放任，信任能把事情做好，放任能把事情毀壞。作為管理者這一點一定要明白！否則，你只能自慚形穢的面對責任和良心，失去管理者的形象。為了讓下屬執行值得信賴的工作，管理者該採取什麼樣的方式呢？主要有：切忌不管不問。指導下屬工作的方針是防止這一點的關鍵。要下屬執行內容能信賴的工作，其基本方針是指導。由於下屬有時會墨守成規或存在惰性習慣，所以要經常留意下屬工作的狀態，反覆給予必要的指導。

防止疏漏工作環節。要做到這一點必須嚴格執行對工作的指示，例如工作的截止日期、管理者所要求報告的形式與次數等，要詳細無遺的指示下屬完成工作的重點與應注意的事項。即使相信他會遵守管理者的指示，但如果指示本身不明確或有疏漏，被信賴的下屬出於好意，勉強執行，結果卻未必會與管理者的想法百分之百吻合。因此，希望下屬能遵守的指示必須要明確。只要指示能明確的表達，就可以相信對方能執行。

避免死板教條。認真的接受報告情況，以變應變。調查一下完成工作的實際情況，因為工作的狀況經常會變動，足以妨礙下屬的工作效率。雖然管理者相信下屬一定能巧妙的應付那些變化，但有時變化會超出下屬的許可權，與其讓下屬竭盡心力，不如管理者憑著本身的觀察，以及認真接受工作或部門狀況的報告來判斷，為下屬指點迷津。

不要靜以待之。管理者應當掌握先機，實行與關係部門協調或支援等必要措施，及時解決出現的問題，不要靜以待命。

經由上述努力，管理者與下屬之間才能形成良好的信任關係，才能使工作完成起來有章有法。這樣的放權，才可以說是真正的信任下屬。

最後，提醒諸位管理者注意以下兩點。其一，必須日積月累的努力建立與下屬之間的信賴關係。得之不易而失之易，所以要努力維持信賴關係。其二，信任下屬與放任是兩回事。不可怠於工作管理的努力。

許多管理者常常會將信任與放任混為一談。放任下屬的後果是：不但把放權的成績沖得一乾二淨，

輕鬆做主管 Be a relaxing manager
用「心」管理，不是用「薪」管理

還會殃及整個企業，身為管理者不可不防！對放任進行預防的最好辦法，就是監督。

一個管理者，即使他有再大的精力和才幹，也不可能把公司所有的職權緊抓不放而事必躬親，他總是需要把部分職權交給下屬，讓大家來共同承擔責任。有的管理者每次向部下交代任務時總是說：「這項工作就全拜託你了，一切都由你做主，不必向我請示，只要在月底前告訴我一聲就可以了。」這種授權法會讓下屬們感到：無論我怎麼處理，老闆都無所謂，可見對這項工作並不重視。就算是最後做好了，也沒什麼意思。老闆把這樣的任務交給我，不是小看我吧？

授權不是棄權，不是從此撒手不管了。權力授出後，如果不加以控制，輕則影響公司績效的完成，重則可能造成嚴重的後果。有效的授權目標控制是績效最後完成的強有力保障。進行目標控制有兩種方法。管理者可依據工作目標和績效標準進行程序控制，如果目標任務很大，可把目標分解成幾段，分別檢查，檢查要根據工作的難易程度。有很多企業管理者的邏輯是這樣的：為實現工作上更大的突破——採取加大授權力度的方式——出現管理的失控——準備收回授權。

這就是很多中小型企業常出現的「一放就亂，一亂就收，一收就死」的現象。要想規避這一現象，就要作好授權後的控制。控制不是緊握權力，而是適當監督，用各種方法將員工引爆，釋放出無限的潛力，達到授權的最大效果。當你為了更好的激發某位員工的潛能，把一件有較大困難的工作委派給他做時，不論從必要性還是從完成工作的願望來講，多檢查幾次進展情況都是有益的。

不負責任的下放職權，不僅不會激發下屬的積極性和創造性，反而會適得其反，引起他們的不滿。高明的授權法是既要下放一定的權力給部下，又不能給他們以不受重視的感覺；既要檢查督促下屬的工作，又不能使下屬感到有名無權。若想成為一名優秀的管理者，就必須一手軟，一手硬；一手放權，一手監督。只有這樣，管理者才算深諳放權之道。

第八章　重在以身作則

成功的管理者在於百分之九十九的個人所展現的威信和魅力加上百分之一的權力行使。而這種威信與魅力，正是來自於管理者自身的行為。「己欲立而立人，己欲達而達人」，作為現代企業的管理者要以身作則，用無聲的語言說服員工，這樣才能實現高效管理。

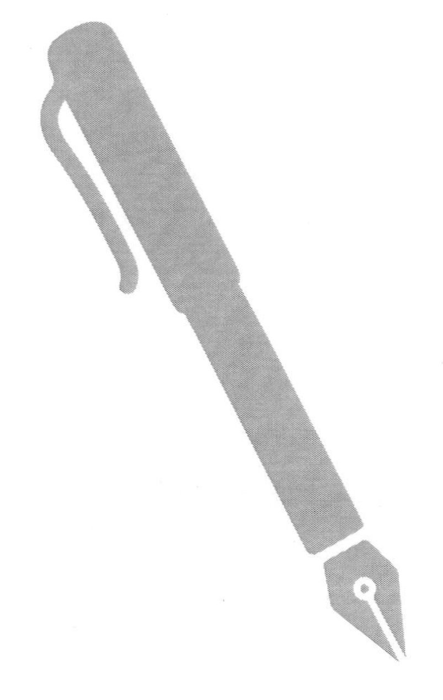

火車跑得快全憑車頭帶

火車跑得快，全憑車頭帶。充當「火車頭」作用的最高管理者的個人素養，直覺和膽識，是否具備「敢為人先」的幹勁，是決定企業走向哪裡、能夠走多遠的關鍵。張瑞敏說過，如果經理坐著，員工就會躺著。在實際工作中，一部分員工只會做管理者要求的事情，而更多的員工只會做管理者檢查的事情。有很多企業整天口中叫嚷執行力執行力，似乎企業唯一存在的問題就是執行力。這是典型的一葉障目。

成功的管理者，在於百分之九十九的個人威信和魅力，外加百分之一的權力行使。而這種威信與魅力，正是來自於管理者自身的行為。古語說：「己欲立而立人，己欲達而達人」，這句話的意思是說，只有自己願意去做的事，才能要求別人去做，只有自己能夠做到的事，才能要求別人也做到。作為現代管理者必須以身作則，用無聲的語言說服員工，這樣才能具有親和力，才能形成高度的凝聚力。

第二次世界大戰時期，美國著名將領巴頓將軍就是這樣的中層管理者。他曾經有一句非常著名的話：「在戰爭中有這樣一條真理：士兵什麼也不是，將領卻是一切……」巴頓將軍為什麼說這樣一句話？讓我們先來看下面的故事。

一次，當巴頓將軍帶領他的部隊行進的時候，汽車陷入了深泥中。巴頓將軍喊道：「你們這幫混蛋趕快下車，把車推出來。」所有的人都下了車，按照命令開始推車。在大家的努力下，車終於被推了出來。當一個士兵正準備抹去自己身上的汙泥時，驚訝的發現身邊那個渾身都是汙泥的人竟然是巴頓。這個士兵一直都將這件事記在心裡，直到巴頓去世。在將軍的葬禮上，這個士兵對巴頓的遺孀說起了這件事，這個士兵最後說：「是的，夫人，我們敬佩他！」

第八章 重在以身作則

火車跑得快全憑車頭帶

當我們看完這個故事，再來回顧巴頓將軍那句名言：「在戰爭中有這樣一條真理：士兵什麼也不是，將領卻是一切……」我們不難發現隱藏在這句話背後的深意，那就是：士兵的狀態，取決於將領的狀態；將領所展示出來的形象，就是士兵學習的標竿！這個道理不光在軍隊適用，在任何一個組織中都適用。凡是能夠帶領團隊取得成功的管理者，必定是以身作則的人。

執行力僅僅是管理過程中的一個環節，執行力出現問題是表象，解決方法是要找到形成這個問題的本質。正如愛因斯坦所說，解決任何問題都要站在比這個問題高兩到三個層面來看待問題。之所以會造成執行力的缺失，企業管理者首先要自省其身，自己是否有承諾未兌現的情況，是否有下屬反應的問題無果而終的情形，是否有不經過了解調查就做出草率決定的情形。如果身為企業管理者有以上這些情況發生，那麼企業內執行力低下就不足為奇了。而有效管理，在於對管理的四個維度進行有效率、有效果的行動，包括管理下屬、管理上級、管理平級、管理自己。其中最重要的便是管理自己。

日本前經聯會會長土光敏夫，是一位地位很高、受人尊敬的企業家。土光敏夫在一九六五年曾出任東芝電器社長。當時的東芝人才濟濟，但由於組織龐大，層次過多，管理不善，員工鬆散，導致公司績效低下。土光接管之後，提出了「一般員工要比以前多用三倍的頭腦，董事則要多用十倍，我本人則有過之而無不及」的口號來重建東芝。他的口頭禪是「以身作則最具說服力」。他每天提早半小時上班，並空出上午七點半至八點半的一小時時間，歡迎員工與他一起動腦，共同討論公司的問題。土光為了杜絕浪費，藉著一次參觀的機會，給東芝的董事上了一課。

一天，東芝的一位董事想參觀一艘名叫「出光丸」的巨型油輪。由於土光已看過九次，所以事先說好由他帶路。那一天是假日，他們約好在櫻木町車站的門口會合。土光準時到達，董事搭乘公司的車隨後趕到。董事說：「社長先生，抱歉讓您久等了。我看我們就搭您的車前往參觀吧！」董事以為土光也是搭乘公司的專車來的。土光面無表情的說：「我並沒搭乘公司的轎車，我們去搭電車吧！」董事當場愣住了，羞愧得無的自容。原來土光為了杜絕浪費，使公司合理化，以身作則搭電車，給那位渾渾噩噩的董事上了一課。

這件事傳遍了整個公司，上下立刻心生警惕，不敢再隨意浪費公司的物品。由於土光以身作則，東芝的情況逐漸好轉。

管理者的工作習慣和自我約束力，對員工有著十分重要的影響。如果管理者都能夠按時上班，工作時間盡量不涉及私人事務，對工作盡職盡責，在管理員工的過程中自然就會事半功倍。

玫琳凱化妝品公司以「管理者以身作則」為所有管理人員的準則。公司創始人玫琳凱．艾施每天都把未完成的工作帶回家繼續做完，她的工作信條是：「今天的事絕不能拖到明天」。她從來沒有要求她的員工也這麼做，但她的助理以及七位祕書，也都具有她這樣的工作風格。管理者只有嚴格的要求自己，做了帶頭表率作用，才能具備說服力，才能增強自己的凝聚力。玫琳凱．艾施為了使公司的產品擴大影響，她從來不用其他公司生產的化妝品，她也絕不允許公司職員使用其他公司的化妝品，就像她不能理解賓士轎車的行銷員開著 BMW 轎車一樣。

一次，玫琳凱．艾施發現一位經理使用其他公司生產的粉盒和口紅，於是走到她的桌旁，婉轉而幽默的說：「上帝呀，你在做什麼試驗吧？我想你是不會在公司裡使用別家產品的吧！」聽了玫琳凱．艾施的話之後，那位經理的臉一下子紅到了耳根。過了幾天，玫琳凱．艾施親自把自己未使用過的粉盒和口紅送給了那位經理。

玫琳凱．艾施非常重視維護形象，因為她深知，一個化妝品公司經理的形象，會給客戶留下深刻的印象，甚至會影響到公司的聲譽和發展。一九七〇年代，美國流行穿長褲，但玫琳凱．艾施不管在什麼時候從來不追逐這種流行，始終保持著自己的形象，她甚至為了保持自己的形象，放棄了她一生中最大的愛好——園藝，因為她擔心自己會在不留意中，讓沾在身上的泥土破壞自己的形象。正是由於玫琳凱．艾施以身作則，公司裡每一位員工都衣著合體，光彩照人。

如果管理者自己沒有達到公司規定的要求標準，你就不要期望員工按標準行事。當今時代，是員工追隨與模仿榜樣、按照「標準」亦步亦趨的時代。有了榜樣與標準，員工工作就有了尺度，如果經過長期的重複，許多人就會落入某些條條框框中，進而喪失了創新與進取的動力。只有管理者真正信奉公司的價值觀與理念，員工才會相信公司的理念。如果管理者自己沒有達到公司規定的要求標準，你就不要期望員工按標準行事。員工的眼睛都在盯著老闆做什麼，而不是聽老闆說什麼。雖然你會舉出一些反例，但那畢竟是少數，絕大多數管理者的管理能力取決於他的典範作用，這是一條普遍適用的管理原則。

認識到榜樣的力量

在一個居民住宅區裡，居民都把垃圾倒在巷口的那塊空地上，時間一長，就堆起了髒物，臭氣撲鼻，令人不堪入目。終於有一天，牆上出現了一行字：請網前幾步倒垃圾！很和善，但沒有用。過了幾天牆上的字變了：禁止亂倒垃圾！很嚴肅，可還是沒有用。幾天後牆上的字又改了：亂倒垃圾者罰款一百元！口氣很威嚴，但地上依然狼藉。後來竟出現了罵人的話：亂倒垃圾者是豬狗！結果可想而知，還是沒人理睬！直到這裡住了一位雙目失明的老人，周圍就再也找不到一點髒物了。因為他每次都把垃圾很準確的倒進垃圾箱。這裡的居民都很感動，所以也就沒有人把垃圾倒在箱外了。

人們的善心與良知往往會受某種外來善舉的影響，然後慢慢的改變著自己的行為，這就是榜樣的力量。

由此可見，表達責任感和工作熱情的最令人信服的方式就是以身作則，用生動真實的例子感染員工。作為一位管理者，你想要什麼樣的員工，首先自己就要先成為那樣的人。管理者不可能盡善盡美，也不可能在一夜之間就轉變自己的風格。但是，只要他們能不斷嘗試，不斷學習合作的團隊精神就足夠了。重要的是，他們要能夠不斷追求、完善自我。

員工之所以心悅誠服的為他的組織努力工作、奮鬥，主要是因為他們擁有一位有威望的、能夠以身作則的管理者。這位管理者像一塊磁鐵般贏得了大家的心，激勵大家勇往直前。曾經聽到一位員工推崇他的管理者說：「你和他在一起一分鐘，你就能感受到他渾身散發出來的光和熱。我之所以努力工作，就是因為他有一種強大的威嚴和魅力，深深吸引著我。」

有一個人非常喜歡喝酒，每天下班後，他都要到附近的酒館喝幾杯，經常喝到半夜才醉醺醺的回

第八章 重在以身作則

認識到榜樣的力量

家。

有一天，天空下起大雪，地上的積雪很深。下班後，他和往常一樣向酒館走去，走著走著，他聽到後面發出奇怪的聲音。他回頭一看，原來是放學的兒子。兒子正順著父親的腳印走過來，他的小臉因為興奮而漲得通紅：「爸爸你看，我正在踩著你的腳印呢！這多有趣！」兒子的話讓父親心頭一震。他立刻發覺到，「如果我去酒館，兒子順著我的路走，也會找到酒館的。」

父親馬上改變了行走的路線，向家的方向走去。從那以後，他改掉了喝酒的習慣，再也沒有去酒館。

父親們可能沒有發覺到，你們的孩子就像一個永不停息的小雷達，正在專著的觀察你的一舉一動，並模仿各種被你忽略的瑣碎細節。如果你經常酗酒，那麼你的兒子可能也是個酒鬼；如果你經常對妻子發火，你的兒子也會脾氣粗暴；如果你不尊重你的父母，你的兒子也不會認為自己有必要尊重你。身教重於言傳。父親的每一個眼神、每一句話、每一個舉動都會被孩子收入腦中。如果父親自己行為不正，又怎麼要求孩子不誤入歧途？

在當今的經營環境中，管理者希望員工對企業的願景和價值觀認同，也希望員工對企業決策的公正性認可。然而，員工對管理者的印象大多基於表面現象，例如穿著、言談舉止以及做事的習慣和風格。大多數人不會把管理者作為個體加以評判，也不置疑管理者某些行為的真正動機。

如果想從正面積極影響員工的言行，管理者需要成為精力旺盛、體力充沛的「企業運動員」。作為管理者，他們的熱情可以感染他人；他們的言行真實、可信；他們對自己的要求不亞於對別人的要求。作為管理者，如果要求別人守時，自己首先要守時；如果要求員工傾聽客戶的需求，自己也要傾聽員工的需求；如果要求員工積極向上，自己也要展現出企業所宣導的文化和精神。

有一天，美國 IBM 公司老闆湯姆斯．華生帶著客人參觀廠房，走到工廠大門時，被警衛攔住：「對不起先生，您不能進去，我們 IBM 的廠區識別證是淺藍色的，行政大樓工作人員的識別證是粉紅色的，你們佩戴的識別證是不能進入廠區的。」董事長助理彼特對警衛叫道：「這是我們的大老闆，陪重要的客人參觀。」警衛人員回答：「這是公司的規定，必須按規定辦事！」結果，湯姆斯．華生笑著說：「他講得對，快把識別證換一下。」所有的人很快就去換了識別證。

我們不得不承認，管理者行為的影響力遠勝過權力。管理者本人首先要理解企業的價值導向，讓自己成為企業的代言人，正如 IBM 所有的管理層都被染成「深藍色」一樣，這樣才能夠將組織的要求傳遞給員工，在不斷的效仿、強化過程中形成一支步調一致的隊伍。

規則是給員工制定的，也是給管理者制定的。如果一個團隊的管理者自己都不遵守規則，如何要求團隊的其他成員來遵守呢？我們的企業中，最容易破壞制度的人往往就是制定制度的人，有時甚至就是最高管理者本人。大廳中明明寫著「請勿吸菸」，可是菸癮上來了，最高管理者抽一支，別人也不敢講什麼。很多管理者口口聲聲說要進行團隊建設，自己卻沒有按照團隊精神去做。規則就是規則，確定下來的規則就要堅決執行。我們不缺乏規則，缺乏的是以身作則的理念和意識。而管理者所起到的就是一個標竿作用，他永遠站在隊伍的最前方，給員工以榜樣、力量、方向、方法，使得整個團隊昂首闊步的向前。因此，中層管理者在帶領自己的團隊時，一定要時刻牢記，你不只是領頭羊，更是指揮家。

喊破嗓子，不如做出表率

管理者很多時候都是在行使一種職責，即設法讓員工為既定的目標努力，並高效的實現。如果說傳統意義的管理者主要依靠權力，那麼現代觀念的管理者則更多是依靠其內在的影響力。一個成功的管理者不是指身居高位的人，而是指能夠憑藉自身的威望和才智，把其他成員吸引到自己周圍，取得別人信任，引導和影響別人來完成組織目標，並且能使組織團隊取得良好績效的人。

管理者的影響力日漸成為衡量成功管理者的重要標誌。一個擁有充分影響力的中層管理者，可以在管理者崗位上指揮自如、得心應手，帶領隊伍取得良好的成績；相反，一個影響力很弱的管理者，過多的依靠命令和權力的管理者，是不可能在企業中樹立真正的威信和發揮滿意的管理效能的。從這個意義上說，管理者個人的影響力或者說能夠讓別人按照既定方向前進的能力就顯得至關重要。對於超負荷工作的管理者而言，對員工施加影響，可以達成共識，不會再有喋喋不休的爭論，任務不會在執行中走樣，每個人都樂意聽從組織的安排。這樣的局面正是他們所追求的。影響力這種潛在的無形力量，可以讓大家在潛移默化中凝結在一起。

「喊破嗓子不如做出表率。」這是項目總經理張前軍常說的一句話，在施工生產大會戰中他也是這樣做的。

自開工之日起，每天除了開班會和各種會議外張前軍幾乎每天盯在施工現場，在鑽孔樁施工中為了加快鑽孔進度，保證鑽孔品質，他親自在鑽機旁查看鑽孔進度，記錄每天每台鑽機的鑽孔深度，掌握第一手資料。每天晚間回來總是帶著一身泥巴的他又組織召開每天的工程例會、交班會，對每天工作安排布置提要求，下達任務。

在墩柱和梁體同時澆築混凝土時由於職員三班晝夜工作，體力不足，張前軍帶領後勤和管理人員組織一個小組，直接投入到施工崗位中，每天晚上他都工作到深夜。特殊情況時對當天工作的總結，施工方案的組織、設計圖，方案的熟悉都要利用晚上的時間完成，有時忙到天亮。

在工程施工每次遇到難題時，張前軍都會對大家說，要多動動腦子，好主意就是生產力，就能節省無數的資金和人力。

在墩柱施工中，為了保證墩柱原有的自然墩體效果。張前軍組織專案部的難點公關小組，專門進行研究。採用不同規格標號進行對比測試，最終完成的第一個墩柱的墩體內實外光，所有施工單位都來參觀學習。二〇〇八年七月混凝土協會主席馮乃謙先生陪同法國幾位專家前來考察時，看見完成的一排排的墩柱時，他興奮的說：「好好好，這是我在中國看見的最好的橋體墩柱。」法國專家也讚不絕口。

在梁體澆注施工前，張前軍組織有關人員編制施工方案，特別是梁體支架方案採用滿堂紅腳手架支架、鋼管支架等多項施工方案，反覆研究論證，這些方案都存在一些弊端，他就組織有關人員去大型機械廠和有關專業廠商訂做加工大載重的軌道滑輪，回來後組織大家研究組裝可移動的梁體支架。這種支架不僅在節省材料方面是其他方法的三倍，運行週期還是其他方法的兩倍。

當員工無法站在更高的層面上理解組織任務時，當大家因工作方式各不相同而無法達成一致時，當公司推行的變革措施受到員工排斥時，當你的意志無法被準確傳遞與執行時，當某些不利的情況發生時，你需要運用你的影響力，讓這些阻力消弭於無形當中。隨著經濟的發展，企業將越來越依賴於技能高超、思想獨立、思維靈活的知識型工作者和管理者。現代管理中那些模式化的方法往往並不靈驗，重要的恰恰是其管理者的影響力。

對於管理者影響力的定義，很多管理大師都作過一些解釋，孔茲等人這樣解釋：這是影響人們心甘情願的和滿懷熱情的為實現群體目標而努力的一種強大力量。理想的情況是，應當鼓勵人們不僅要提高

第八章 重在以身作則

喊破嗓子，不如做出表率

工作的自願程度，而且情願以滿腔熱忱和滿懷信心來工作。管理者並不是站在群體的後面，而是置身於群體之前，帶動群體前進，激勵群體為實現組織目標而努力。

率先示範

在企業中，如果管理者能夠率先示範、以身作則的努力工作，那麼這種熱情和精神就會影響其下屬，讓大家都形成一種積極向上的態度，形成熱情的工作氛圍。可以說，管理者的榜樣作用是具有強大的感染力和影響力的，是一種無聲的命令、最好的示範，對員工的行動是一種極大的激勵。

在初唐統一戰爭的歷次戰役中，李世民衝鋒在前、身先士卒的事例是不勝枚舉的。在同王世充的對陣中，他令秦叔寶、程咬金、尉遲敬德、翟長孫分別統率騎兵輪番向敵陣發起衝擊，而他本人則輪番參加每一次衝擊並率隊為前鋒。

李世民總是身先士卒打頭陣。有一次，他帶五百騎兵巡視前方地形，結果被敵人騎兵包圍。敵將單雄信、挺槊直取李世民，尉遲敬德躍馬而出，將單雄信刺落馬下，掩護李世民突出了重圍。還有一次，李世民與竇建德交兵，李世民只帶尉遲敬德一員大將和幾個士兵去誘敵，竇建德五六千騎兵追殺過來。李世民善騎射，毫無懼色，他親手射死一員敵將和幾個士兵。尉遲敬德也殺了十幾個士兵，嚇得幾千騎兵不敢再追。

作為全軍的統帥，李世民幾乎每戰都身先士卒，帶頭衝鋒，這就大大的激勵了全軍將士的殺敵士氣，將士們奮死爭先，為奪取作戰勝利提供了信心。

管理者能身先士卒，以積極正確的示範作導向，就可以調動員工的積極性，激發他們努力向上的幹勁；反之，管理者持一種消極、觀望的態度，只能削減員工的工作熱情，使員工對企業的發展前途失去信心。

由此可見，管理者的行為對下屬的激勵作用是多麼巨大，甚至比言語和輿論的作用大得多。也正如俗話所說的：「上梁不正下梁歪」、「強將手下無弱兵」。管理者的表率作用永遠是激勵員工的最有效的方法。

企業管理者的一言一行、一舉一動，無不被員工看在眼裡，對員工的行為產生影響。管理者要求員工做到的，管理者必須首先做到，管理者禁止員工去做的，管理者也必須首先禁止。

從本性上講，每個人都希望自己有特權，制定的規章制度最好是用來約束別人的，而不願意約束自己。可是，一個連自己都管理不好的人，有什麼資格去對他人說三道四呢？作為管理者，要想把自己的決策貫徹始終，必須身體力行。想要下屬做到的，自己先做到。這樣的管理者，才是值得下屬尊重的管理者，也才是最有威望的管理者。

聯想創始人柳傳志一直把寫著「其身正，不令而行」這句話的字畫放在辦公桌上，勉勵自己。聯想公司在柳傳志的帶領下，由二十萬元起家，發展成為今天有上百億資產的大型集團公司，成為了中國電子工業的龍頭企業。這和他處處以身作則、身先士卒有很大關係。

柳傳志說：「創業的時候，我沒高報酬，我吸引誰？就憑著我多做，能力強，拿得少，來吸引住更多的志同道合的老同志。」「要部下信你，還要有具體辦法，透過實際證明你的辦法是對的。我跟部下交往，事情怎麼決定有三個原則：同事提出的想法，我自己想不清楚，在這種情況下，肯定按照人家的想法做；當我和同事都有看法，分不清誰對誰錯，發生爭執的時候，我採取的辦法是，按你說的做，但是，我要把我的忠告告訴你，最後要找後帳，成與否要有個總結。你做對了，表揚你，承認你對，我再反思我當初為什麼要那麼做。你做錯了，你得給我說明白，當初為什麼不按我說的做，我的話，你為什麼不認真考慮；第三種情況是，當我把事想清楚了，我就堅決的按照我想的做。」這就是柳傳志，要求別人做的，首先自己做到；禁止別人做的，自己堅絕不做。正是如此，他真正的發揮出管理者的影響力。反過來說，作為管理者連自己都做不到或不願做的，卻要求群眾執行自己的規則，那是沒有一點點說服力的，縱使執行了也起不到根本性的效果。我們的絕大多數的企業管理者，都非常希望有一支高素養的員工隊伍。但反過來，員工們更希望自己的老闆能像個老闆，是個事業上處處以身作則，靠得住、信得過的帶頭人。只有這樣，員工們才會感到有前途，死心塌地的跟著你。正如著名管理學家帕瑞克所說的，「除非你能管理『自我』，否則你不能管理任何人或任何東西。」

正人先正己，做事先做人。管理者要想管好下屬必須以身作則。示範的力量是驚人的。既要勇於替下屬承擔責任，又要事事為先、嚴格要求自己，做到「己所不欲，勿施於人」。一旦透過表率樹立起在員工中的威望，將會上下同心，大大提高團隊的整體戰鬥力。得人心者得天下，做下屬敬佩的管理者將使管理事半功倍。

一位著名的企業管理專家認為，要提高商業效益，首先老闆要做好帶頭作用。讓下屬剛參加工作就養成敬業的好習慣。當日本《經濟時報》面臨危機的時候，為了重整旗鼓，作為新上任的老闆，正坊地隆美就採取了一種以身作則的做法，使公司重新煥發了生機。

年末大掃除的時候，新老闆正坊地隆美看到地上扔著幾枝鉛筆頭，於是，他把財務部長叫來，當著他的面把鉛筆頭撿了起來。正坊地隆美這種行為使得下屬對勤儉節約有了新的認識：連經理都這麼節儉，自己今後一定要注意。正坊地隆美還語重心長的告訴大家：如果不注意小的浪費，那麼累積起來就會變成大的浪費，無論哪個公司都是經不起這樣的浪費的。

作為管理者，首先要認識自我，明確自己的角色定位。「做事先做人，律人先律己，用人先育人」是管理者的信條。管理者既是制度的制定者和推行者，也是制度的執行者和培訓者。這就要求我們管理人員在要求下屬的同時更應該嚴格的要求自己。《論語》講道：「其身正，不令而行；其身不正，雖令不從。」一個管理者只有嚴格的要求自己，起好帶頭表率作用，才能服眾。只有自己能夠做到的事情，才能要求別人也做到。

管理者是企業的路標

美國最著名管理學家柯維說：「管理者的才能就是影響力，真正的管理者是能夠影響別人，使別人追隨自己的人物。」一個以身作則的管理者，要克制自己的衝動，培養自己的前瞻性、控制力和對他人的耐性。要以身作則，為下屬樹立榜樣，用榜樣來影響他人。

史瓦茲．柯夫將軍說：「下令要部下上戰場算不得英雄，身先士卒上戰場才是英雄好漢。」管理者理應承擔帶領下屬行動的責任，只會躲在辦公室裡發命令，而不是帶領同仁在業務線或生產線奮鬥，不僅無法將團隊打造成一個具有高度生產力的團隊，而且也使得同仁離心離德，不願奮力一搏。

管理者本身的行為是整個企業的路標，所有的員工都會拿它作為參照指標。在企業的日常管理中，管理者要身先士卒，積極參與。如果管理者在會上大講特講某件任務的重要性和緊迫性，號召廣大員工加班加點，而會下員工看到的卻是管理者漫不經心的態度，員工會作何感想呢？所以，管理者要帶動每個人共同負責，首先自己要積極參與到公司的日常業務中去，身體力行，讓員工經常能看見你的身影。這樣，才能給員工作出表率，影響員工，在公司裡建立起榜樣文化。

沃爾頓家族是做超級市場的零售小生意的，服務於身邊的最普通的大眾，但沃爾頓卻是最富有的人。在二〇〇四年美國《財富》雜誌的五百強排名中，其創立的沃爾瑪排在了第一名。

為什麼沃爾頓能獲得如此巨大的財富呢？有一件小事足以說明問題。

一次，《財富》雜誌的一名記者要採訪沃爾頓，對他說：「明天我可以到你的辦公室採訪嗎？」沃爾頓說：「當然可以。」

翌日，那位記者就到了他的辦公室。但等了半小時還沒有看見沃爾頓出現。記者心中當然有氣，不禁想：你以為你是誰，有幾個錢就了不起，你看不起我這個小記者，我就憑這枝筆和你鬥一鬥……當祕書經過辦公室的時候，見這位記者仍在等，便說：讓我找找他。後來祕書說：找到了，他在前面二十米的零售店門外。那位記者立即去找沃爾頓，只見他正為顧客裝箱，並抬上貨車。

一個世界上最有錢的人居然做這種工作！那位記者對沃爾頓說：「你不是答應在辦公室等我嗎？」沃爾頓答道：「當然，我是在等你來啊。」記者問：「那你為什麼在這裡？」沃爾頓答道：「我的辦公室就在街上，這是客人最需要我的地方，難道是在空調房裡嗎？」

任何人都可以獲得財富，但看你究竟是怎樣做的。身先士卒，常常出現在顧客最需要的地方，這正是企業老闆獲得成功的關鍵之所在。

對於企業來說，老闆是一個特殊人物，老闆的行為往往對員工具有表率作用。松下幸之助認為，要提高商業效益，首先老闆就要以身作則，做好帶頭作用。

日本企業家士光敏夫認為，老闆以身作則的管理制度不僅能為企業帶來巨大的經濟效益，而且還是培養企業敬業精神的最佳途徑。

管理者段永光用行動告訴員工們：只要開始，永遠不晚；只要進步，總有空間。段永光調任高新分公司機電生產線副主任時，面對人少新手多的困難，他毫不畏懼，從培訓入手，狠抓隊伍建設，充分發揮員工的積極性、主動性，很快就把這個組建時間不長的生產線打造成了一個有凝聚力、有戰鬥力的團隊。

如何進一步做好節能降耗工作，為公司爭取更大的效益？段永光帶領這支年輕的團隊在維護好水電、空調冷凍設備的同時，主動出擊，敢於創新，革新技術，節能降耗，為生產提供優質服務，取得了累累碩果和可觀的經濟效益。比如：他們採取調節空調風機頻率、對地排實施「一拖二」、適當降低空壓機壓力等措施，每月為公司節電一萬四千度。又如，他們利用安裝分水錶、杜絕浪費水、防止空調漏水、損壞處及時維修等辦法，改變了自來水故障現象，每月減少用水消耗一千七百噸。這只是段永光帶領機電生產線團隊成員開展節能降耗成果的一小部分。

針對作業廣、專業人員少、新人多等實際困難，上任伊始，段永光就採取措施，制定了一系列培訓計畫和措施，在努力提升員工專業技能的同時，還依靠老員工的傳、幫、帶，大力培養多項技能，使機電生產線這支年輕團隊的每一個成員基本上都做到了一專多能，人人都可以有多項技能。去年新設備安裝是高新分公司的一個重點。為了不耽誤安裝進度，這個年輕的團隊不分部門，相互支援，進度快、品質好，完成了冷凍機電氣設備的安裝、馬達加油等相關工作。正是靠人人一專多能、個個多項技能和高度的責任感，使機電生產線克服各種困難，取得了傲人的業績。

繁忙的工作之餘，段永光總會擠時間學習，不斷用專業知識武裝自己。在不到一年的時間裡，他就成了精通空調、冷凍、空壓等設備操作、調節、維修的專業人員。工作中，段永光從不以管理者自居，無論是安裝、維修空調冷凍設備、主機電器，還是製作運輸車輛、筒管容器，他都身先士卒，處處走在前面。

俗話說：管理者動，下屬也跟著動。在士光敏夫接管日本東芝電器公司前，東芝已不再享有電器業搖籃的美稱，生產每況愈下。士光敏夫上任後，每天巡視工廠，訪遍了東芝設在日本的工廠和企業，與員工一起吃飯，閒話家常。清晨，他總比別人早到半個小時，站在廠門口，向工人問好，率先示範。員工受此氣氛的感染，增加了相互間的溝通，士氣大振。不久，東芝的生產恢復正常，並有很大發展。

士光敏夫有一句名言：「上級全力以赴的工作就是對部下的教育。職員三倍努力，管理者就要十倍努力。」如今，日本東芝電器公司已經躋身於世界著名企業的行列，這與士光敏夫以身作則、身先士卒的管理制度是分不開的。

輕鬆做主管 Be a relaxing manager
用「心」管理，不是用「薪」管理

在企業中，如果管理者能夠率先示範、以身作則的努力工作，那麼這種熱情和精神就會影響其下屬，讓大家都形成一種積極向上的態度，形成熱情的工作氛圍。可以說，管理者的榜樣作用具有強大的感染力和影響力，是一種無聲的命令、最好的示範，對部下的行動是一種極大的激勵。

一馬當先做出榜樣

在聯想的規章制度裡，有一條是「不能有親有疏」，管理者的子女不能進公司。柳傳志的兒子是電腦相關專業科系畢業的，但是柳傳志說沒有任何考慮的餘地，不讓他到公司來。這是他自己定的天條，一旦開了頭，員工的子女們都進了公司，再互相結婚，互相聯起來，越扯越多，就理不清，管不了了。也正是柳傳志的這種以身作則，聯想的其他管理者人都以他為榜樣，自覺的遵守各種有益於公司發展的規定，才使得聯想的事業得以蒸蒸日上。

其實任何一個企業或組織，只有全體成員上下一心，動作整齊合一，才能朝著既定的目標穩步向前。當然，所有的一切都要管理者一馬當先做出榜樣，制度才好在企業不折不扣的執行。如果作為上司都違反規定，那麼他向下屬下達任務時，下屬多半是心不在焉；有的員工違反了公司的規章制度，上司批評他，他不服，回去之後必然在工人之間散播不好的影響。管理工作，如果無法取得他人的信賴和認可，將必敗無疑。作為一名企業的管理者一定要以身作則，用自己的行動為他人做出榜樣。

一九九五年，聯想舉辦聖誕晚會，入職不到一年的陳國棟參加了，當時他是園區建設負責人。晚會上有個遊戲節目——編隊搶氣球，陳國棟帶了幾個人上去，搶得瘋狂而熱烈，致使自己差點掉進旁邊的水池裡。陳國棟的「生猛」相讓柳傳志忍不住發笑，一問鄰座的郭為才知道原來他就是主動跑到艱苦地區做基建的陳國棟，他原來是大學的老師。陳國棟吃苦在前、不計得失、身先士卒可謂難能可貴，這正符合了柳傳志作為管理者身先士卒做事不二的法則，他認為此人可堪任用。果不其然，陳國棟後來成為聯想舉足輕重的人物。

柳傳志認為，當企業小的時候，或者剛開始做一件全新的事的時候，一定要身先士卒，那個時候，

輕鬆做主管 Be a relaxing manager
用「心」管理，不是用「薪」管理

管理者是演員，要上竄下跳自己去演。

作為管理者，不管你是執行長、經理，還是團隊管理者，或是主管，要想激勵他人的自我責任感，你必須讓員工感到你在身體力行。也就是說，在一些場合你要做到主動進取而非被動反應。你還需要表現出高度清醒的意識和目的性，並且為每一項行動負責，從不責怪他人。要想樹立自我責任感的典範，還必須明確作為管理者的權力範圍，並且能在逆境中爬起來繼續朝著目標努力，而不是陷入絕望。你還必須表現出勇於面對現實的堅定決心，不管這種現實令人欣慰還是難堪。

如果企業組織的執行長或其他管理者具有了這些特徵，其結果就如同家長成為家裡的典範一樣，這些特徵極可能展現在其他人身上。

公司成立伊始，資金短缺，為了節省開支，關志新身體力行，發揮自身特長，勤懇為企業服務。一次，一位不熟悉的客人來到伊力特彩豐公司找關經理，把整個廠區轉完也找不到他，不得不再次轉回原的問員工：「你們經理呢。」員工說：「在呀。」「那我怎麼沒有找到。」員工不得已親自帶上客人，指著蹲在牆角正在焊接維修、穿一身工人服裝的關志新說：「這不在這裡嗎。」客人抱歉的說：「我還以為是工人呢。」什麼時間找關志新，都能看到他為了節省開支、減少人員，不是開著堆高機在裝紙，就是在維修設備。如遇到公司地磅壞了，關志新又成了一位名副其實的維修工。就這樣，公司建成當年盈利六十多萬元，為企業發展奠定了良好的基礎。

公司一直遵守著一個制度——簽到制。所有的管理人員都被關志新罰過款，或被他訓斥得哭過鼻子。關志新真誠的告訴管理人員，我之所以嚴格要求大家，主要是員工們都眼睜睜的看著我們是怎樣做的。平時他沒事時就在生產線閒晃，滿面笑容的和大家打招呼，一旦發現違規行為，立即毫不客氣的指出違規所在，並口頭警告。第二次發現就開罰單了。透過近年來的規範管理，打架鬥毆的少了，違規操作的少了，遲到早退的更少了。

第八章 重在以身作則

一馬當先做出榜樣

要讓別人跟著你轉，你就要能吸引人家而且比別人要轉得更快。企業管理者敢為人先、身先士卒才能激發下屬的活力；反之，畏首畏尾，躑躅不前，則會嚴重的影響企業組織的活力和表現。管理者就是領著員工走、導著員工行的那個人。管理是以身作則，帶領下屬工作。不能以身作則，這樣的管理徒有虛名。但要做到這點，管理者必須要有影響力。

陳師傅於二〇〇四年初來到這個工廠，很快就身挑重任當上了堆高機組的組長。上任之後，陳組長狠抓安全生產，實行強弱搭配，互相帶動，分工明確，提高了搬運效率。每接受一項新任務，陳組長都會事先了解所搬運的物品種類。根據物品的不同，分工也不同。陳組長事無巨細的工作精神，確保了安全搬運的過程，提高了工廠的運輸效率。由於陳組長高效的管理能力，加之搬運工作與堆高機工作的緊密聯繫，為了便於調配和管理，工廠廠長給陳組長加重了工作，身兼堆高機組和搬運組的組長之職。陳組長的做事態度有口皆碑，高效率，高速度，絕不允許怠工。他針對搬運組的老毛病，專門召集大家開會討論，讓大家把工作中的困難說出來，盡力去解決。一旦將困難解決之後，大家就必須認真工作，密切配合，提高工作效率。陳組長的這招果然靈驗，解決了搬運工的困難之後，大家的工作熱情空前高漲。陳組長靈活的調動搬運工和堆高機工，雙方配合密切，做起工作來效率非常高，保障了工廠運輸的暢通。

陳組長在工作中一貫奉行的是「嚴於律己，寬於待人」的管理方針，時刻嚴格要求自己，以身作則，工作任務繁重也毫無怨言，又髒又累的工作搶著做，從不選輕怕重。對待堆高機工和搬運工像對待自己的親兄弟一樣，關心他們，想方設法既確保工廠的運輸，又能讓他們工作得開開心心。雖然工作壓力大，但是陳組長從不計較個人得失，加班加點，確保了基地原料的供應和成品的運輸。

一般來說，管理者不畏風險、勇挑重擔，就會帶動下屬，做到表率作用，激發下屬的活力。俗話說：幹部帶了頭，群眾有勁頭。我們可以從許多方面找到管理者應當從自我做起的道理。員工觀察和評

輕鬆做主管 Be a relaxing manager

用「心」管理，不是用「薪」管理

價上司常常是先看他（她）做什麼，而不是先看他（她）說什麼。言傳身教是很重要的。既然是管理者，就要走在下屬的前面，領著他們，導著他們，而不能尾隨其後，否則，管理者和管理就虛有其表、名不副實，員工也不會聽從指揮並積極的去完成企業組織的任務和目標。管理者要下屬聽從指揮並不困難，有一個方法，那就是以身作則。

管理者要做出表率

在企業發展過程中，管理者只有身先士卒，敬業樂業，嚴於律己，帶頭把企業提倡的先進理念付諸行動，才會激發員工的工作積極性，使員工全身心的投入到工作中去。管理者的帶頭行為、模範人格，是鼓舞士氣、攻克難關的有效精神武器。

管理者應當明白，以身作則、身先士卒不是喊喊口號就行的，而是要管理者認真實務、有真才實學。管理者應當記住，管理者是被學習的榜樣，不是被讚揚的對象。給別人樹立學習的榜樣遠不是一件容易的事情，那意味著必須時時刻刻不斷的自強和自制。為別人樹立榜樣，就意味著培養諸如勇敢、誠實、謙虛、公正、客觀、可靠、忍耐等個人品質。為別人樹立榜樣，就意味著堅守道義，甚至不惜代價。

任何一個企業組織都像一面鏡子，它會準確的反映管理者的觀點、力量、信心、品格、願望、憂慮、長處和缺點。為你的下屬樹立一個標準，樹立一個榜樣，是任何一個管理者不可推卸和逃避的義務。作為管理者，你要在專業知識、工作態度、精神和肉體的忍耐力、情緒控制、處世技巧等方面都為下屬樹立榜樣。尤其是忍耐力，就是忍受疼痛、疲勞、艱苦，乃至批評的體力上和精神上的持久力，就是你要有不管發生了什麼情況、不管境況多難，也不管阻力多大，你都必須堅持把工作目標完成到底的意志力。你有忍耐力就說明你身體健康、精神飽滿。這也是你成為別人的管理者並駕馭別人所必須的一種個人特質。

作為一名負責設備管理工作的總工程師，高先明在平凡的工作崗位上堅持以人為本，時刻把人放在第一位，生產和設備在後。他認為，只有先將人管理好，才能夠管好設備，產生效益。他經常說：公司就像是一個大舞台，公司員工就像是演員，你能展現多大的能力，我就給你多大的舞台，讓大家能夠充分的展現自我，實現自己的人生價值。因此，他所管理的員工人人創新，人人展現，充分發揮特長，將工作看成了自己的事業而不只是謀生之道。這樣的工作熱情創造出的效率是不可估量的，從公司最早的十萬、二十萬、三十萬、五十萬、一百萬到二〇〇八年的三百萬箱，高先明帶領技術部所有員工一步步為公司的發展打下了堅實的設備保障基礎。

高先明常說：管理者，就是要身先士卒，做出表率。因此，生產現場就是他的第二個家，設備就像是他的孩子。現場各處都有他的身影，或看、或聽、或講、或做。看設備的狀況，聽員工的彙報，給青年員工講技術，遇到員工解決不了的問題就動手去做。他身上總是帶著筆和小本子，把每天發現的問題記下來，交給各相關部門管理者一一落實。因為他對預防的重視，維修技術人員對於保養檢修工作也有了更深的認識。

實際證明，預防維修可以減少非計畫的故障停機損失，減少因故障引起的批量品質損失，減少安全事故，避免潛在故障在發展為功能故障過程中產生的多米諾骨牌效應，因而可以降低維修更換零件的費用。但由於受設備檢查手段和檢查人員經驗的制約，預防維修計畫仍可能不準確，因此，高先明又提出可靠性與可維修性概念，針對不同設備制定不同維修任務，加強設備的可靠性，提高設備的可維修性。

夏天的一個晚上，橋式起重機的保險絲燒壞，主斷路器觸點燒毀，聯動杆也斷裂，而這種西門子的斷路器結構非常複雜，維修技術人員無法打開。詢問廠商得知需要專用工具，必須由廠商技術員來維修。但碼頭的工作非常繁忙，橋卡在中間，造成其餘的橋吊也無法作業，任務緊急，怎麼辦？這時，高先明從家裡來到現場，問明情況之後決定他來拆卸，他利用手中的一切資源，做了好幾種工具，邊拆邊記。他連續工作了七個小時，終於在第二天早上四點多的時候將斷路器的觸點打磨好，聯動杆焊接好並安裝後，試車成功，橋吊及時投入生產，趕在船離港之前完成裝箱計畫，確保了船期。事情過後，高先明並沒有放鬆，他想，橋吊的保險絲經常燒壞，其原因是什麼呢？經過分析，是設計不合理造成的。高先明提出了改造計畫，增加了OCP過電流保護，逐台改造後，至今為止未發生過類似故障。

作為表率，高先明始終堅持深入基層、深入實際，尤其深入到困難多、工作推不開的地方去。例如：有一年冬天，橋式起重機更換鋼絲繩的時候天氣很冷，零下七八度，但船等著橋吊作業，工作必須進行。維修人員冒著寒風工作，高先明與維修中心的員工們一起做。夜裡下雨又下雪，員工說：「頭兒，衣服都濕透了，您還是回去休息吧。」他說：「你們能繼續，我也能。」就這樣，一直做到第二天早上。回到休息室，他跟大家一起喝薑湯、吃朝天椒驅寒。他這種身先士卒的精神深深的感動了員工，讓所有的員工都能緊緊的圍繞在他的周圍。

管理者的影響力從哪裡來呢？一方面來自於權，也就是管理者所處的職位本身具有的權力，如獎賞權、懲罰權。那些緣於職務的影響力往往展現在員工的「口服」上，儘管可能有不同的意見，但員工至少會在表面上認可管理者的想法，可是心裡往往沒有很強的認同感。在這種情況下，員工的執行更多的是按部就班的行動；另一方面來自於威，即管理者的個人權力，如人格魅力、豐富的經驗、卓越的工作能力、良好的人際關係。這種影響力往往使員工從心底裡支援管理者的決策，能很好的領會管理者的意圖。員工在執行上會有更多的創造性，並極力促成目標的完成。

許多人都喜歡看的電視連續劇《亮劍》。劇中主人翁李雲龍在片尾做過一場精彩演講：任何一支部隊都有自己的傳統。傳統是什麼？傳統是一種性格，是一種氣質。這種傳統和性格是由這支部隊組建時，首任首長的性格和氣質決定的。他給這支部隊注入了靈魂，從此不管歲月流逝，人員更迭，這支部隊靈魂永在！

這段精彩演說詮釋了「將源兵魂」的含義，揭示了最好的管理是以身作則的道理。俗話說：「上梁不正下梁歪」。管理者只有嚴格要求自己，發揮表率作用，其制定的制度才有說服力，落實起來才能增強團隊的凝聚力。

也許，某位基層主管幹部以為安排完工作後去摸魚並沒有人知道，殊不知，當你在想辦法了解員工時，每一名員工也在暗地裡「觀察」你。對職員提出的一些要求，是否自己已經首先做到？訂製定的規章制度，是否自己首先按照執行？如果每天只是要求別人去做，而自己不去首先完成，那麼任何一種要求都難以達到預想的目標，任何一項工作都不會卓有成效。

第九章　適時讚美你的員工

工作中，管理者絕不要吝惜你的讚美，要用賞識的心態對待員工，對他們說出你對他們的賞識，讓員工從你的表情和語言中感受你的真誠，使員工受到鼓舞和激勵，尤其是在員工做出優異成績的時候。

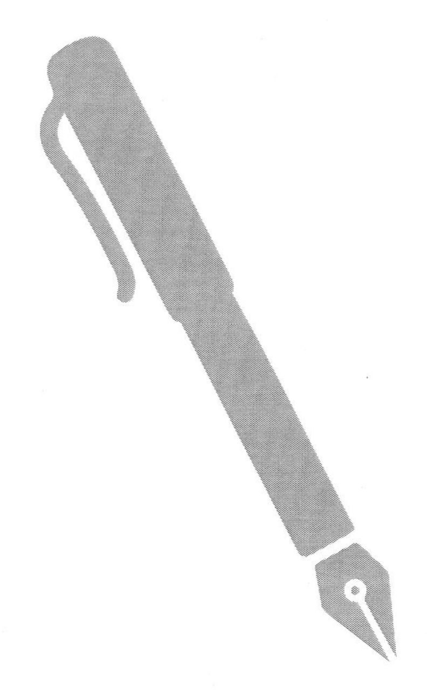

激勵，推動著團隊前進

說實話，人們都喜歡被關心被表揚，員工也一定希望上級能重視自己對企業的貢獻，希望有機會得到升遷加薪。然而，在現實中我們有不少管理者並不太懂得如何去欣賞與激勵員工，他們可能不是視而不見，而是拙於表達對員工的讚揚；也可能是根本就不知道應該精心愛護員工的工作熱情。因此，必須盡快改變這種管理方式，學習有效的激勵技巧，才能讓員工更願意為你或者說為企業付出更多。

IBM 公司為了充分調動員工的積極性，往往採取一些令人意想不到的公開褒獎獎勵辦法，既有物質的，也有精神的，讓獲得獎勵的員工感到無比榮耀，進而使員工將自己的切身利益與整個公司的榮辱聯繫在一起。例如：該公司有個慣例，就是為工作成績列入前百分之八十五的銷售人員舉行隆重的公開褒獎慶祝活動，公司裡所有的人都參加「百分之百俱樂部」舉辦的為期數天的公開褒獎慶祝會。頒獎活動的所有動人情景難以用語言描繪，特別應該指出的是，公司的高級主管自始至終參加，更激起了員工的熱情。

海爾如何激發員工積極性這點上同樣別出心裁。海爾在這一點上遙遙領先於同行業的眾多企業。而這一切，都應該歸功於海爾內部的濃厚的公開褒獎氛圍，它激勵每一個員工的注意力無時無刻不圍繞著技術、革新轉。《海爾企業文化手冊》中明確規定了海爾的公開獎勵制度：海爾希望獎：用於獎勵企業員工的小發明、小改革及合理化建議。海爾獎：用於獎勵各個崗位上的員工對企業所做的突出貢獻。命名工具：凡是員工發明、改革的工具，如果明顯的提高了勞動生產率，可由所在工廠逐級上報後研究通過，以發明者或改革者的名字命名，公開表彰宣傳。

海爾就是透過這些獎項，及時給予優秀員工表揚和獎勵，還將這些獲獎消息廣為傳播，或者透過分發到每位員工手中的《海爾人》，或者透過管理者公開的講話，或者透過同事間的閒聊傳開，使員工獲得一種意想不到的榮耀，在公司內形成一種濃厚的表揚氛圍，激勵著海爾內部成千上萬員工努力工作，自覺鑽研各項革新發明，為海爾注入了發展的強大動力。在海爾，「敬業報國、追求卓越」不再只是一句口頭禪，而成為員工奮發向上的真實寫照。他們被這種積極的表揚氛圍包圍著，於是，為了解決工作中的一道道難關，加班加點、廢寢忘食，這在許多企業都是很難見到的。

一個員工，在公司的職位哪怕最低，如果做主管的想使他對目前即將來的工作環境產生好感，那麼精神鼓勵便是不可或缺的要素。許多公司基於財力因素，或許無法給員工提供較高的薪資，但是精神鼓勵卻能彌補物質上的不足，使他們能留住最傑出的下屬。

以下兩點若是能夠做到，說明公司老闆是重視員工的精神獎勵者，否則就要反思自己的行為了：第一，開會或者是其他場合，你是否會給予表現出色的員工書面或口頭上的表揚。這裡的表揚並不是隨便講幾句好聽的話，而是給予員工應得的衷心讚美，這種讚美對於人內心的滿足是很重要的，優秀的公司管理者從不忽視它的作用；第二，公司管理者是否允許員工表達意見，提出報告，或將他們的名字列在備忘錄上，必要時請他發表一下看法，或者邀請他出席重要的會議，鼓勵他在會上發言。盡心盡力的給予他們這種機會，滿足他們不斷提高自己的期望，會讓他們竭盡全力，力爭上游。公司管理者讓員工創造性的選用工作方法，或者給予他們新工作目標及任務的機會，對員工是一種莫大的精神鼓勵。

精神鼓勵在員工中產生的力量，有時甚至比物質更有效，更能深入人心，所以，公司管理者可以參照上面的方法，也可以總結選用其他方法，做好員工的精神鼓勵工作。

一艘孤獨的航船在無邊的大海中漂泊。面對蒼茫的大海，一眼望不到盡頭，甲板上的水手都會哈欠一個接一個，隨便說一句「離海岸遠著呢。」當看到海岸的時候，水手們就會驚呼雀躍，精神興奮，大叫：「快到了，快點！快點！」沒有目標的時候人們精神往往會陷入鬆散，只有在目標的指引下人們才會奮鬥，目標對人有很強的激勵作用，很多人都是朝著自己的人生目標不斷奮鬥才最終取得成功的。

在成功的公司中，老闆通常用塑造一個共同的目標，創造共同的價值立場和相同的價值理念來激勵員工。讓員工把公司的目標當作自己的目標，公司的總體目標必須相當具有包容力，才能使全體人員參與，進而讓企業目標展現在日常工作之中。

讓所有人都願意為企業目標奉獻力量，並讓這樣的努力持之以恆，應該是公司管理者追求的目標。明確的企業目標是正當可行的，它不是公關慣用的華麗詞藻，也不是鼓舞士氣的誇大宣傳。所以，管理者對定義恰當的目標應作出具體的承諾。

在實行目標激勵的時候，要求管理者能夠將大家所期待的未來著上鮮豔的色彩，同時也要對實現目標的過程進行規劃。在實施激勵的過程中，應該避免只是空談目標而在日常工作中將其棄之一邊。若要把企業目標真正的建立起來，就要將崇高遠大的理想傳達到員工那裡，並從他們那裡得到發自內心的反應，使他們真心誠意的投入到工作中去。

在激勵過程中最重要的是灌輸目標的整個過程，這需要老闆開誠布公的全面參與，使員工自覺的將個人理想與企業目標聯繫起來。公司提出明確的目標，並由老闆有效的與員工進行溝通和傳達，讓每一個員工都明白自己所做的工作，這對於實現企業的目標具有極其重要的作用。以明確的奮鬥目標來激發員工的鬥志，並讓員工把個人目標和企業目標良好的結合起來，進而增強員工的責任感和主動意識，讓每一個員工都為同一目標而不斷努力奮鬥。

告訴員工「做得不錯」

口才學家威廉・詹姆士說過：「人性最深刻的願望，就是懇求別人對自己加以賞識。」確實如此，美國總統華盛頓喜歡人們稱呼他「美國總統閣下」；凱薩琳女皇拒絕接受沒有注明「女皇陛下」的信函；就連駕駛員也不願意別人叫他「車夫」。

讚美能像清泉一樣滋潤員工乾涸、焦慮的心田；讚美是定心丸，會安撫員工不安、躁動的心。作為管理者，給員工一分鐘讚美比批評員工十分鐘要管用。多一次讚美，企業就多一份定力。

以「豐富女性人生」為己任，致力於創建一個「全球女性共用的事業」的玫琳凱，傳奇一般的摘得《富比士》雜誌評選出的「兩百年來二十位全球企業界最具傳奇色彩並獲得巨大成功的人物」桂冠！究其原因，這和玫琳凱的管理有關：適時而真誠的稱讚員工，告訴員工「做得不錯」。這個祕密武器是其企業管理哲學中的不二法則。

在公司內部，玫琳凱制訂了一系列運用「讚美」的措施：如果員工第一次賣出一百美元的化妝品，就會獲得一條緞帶作為紀念；每年一次的盛況空前的「玫琳凱年度討論會」，會邀請從陣容龐大的推銷隊伍中推選出來的兩萬多名代表前來參加。而且，成績卓越的推銷員會穿著代表最高榮譽的「紅夾克」上台發表演說，而後給推銷化妝品成績最好的美容師頒發鑲鑽石的大黃蜂別針和貂皮大衣——這是代表公司最高榮譽的獎品。不僅如此，在公司發行的通信刊物《喝彩》月刊上，每年都要把公司各大領域中名列前茅的人的名字登載出來。

在玫琳凱的帶領下，公司大大小小的一線員工都學會了這一法則，並且能夠很好的加以運用。一次，有個美容師在第一、二次的展銷會上都沒賣出什麼東西，直到第三次才賣出三十五美元的東西。

然而這位美容師的上司（當然也是玫琳凱的員工）卻十分熱情、開心的對她說：「你在美容課中賣出三十五美元的東西，那實在太棒了！」此時恰逢玫琳凱經過，於是這位員工拉著那位美容師走過來說：「讓我介紹我們的新美容顧問給您。昨晚，她在美容課中賣出了三十五美元的產品！」然後稍作停頓又接著說，「她前兩次的美容課都沒賣出什麼，但昨晚她竟然賣出三十五美元，那不是很棒嗎？」玫琳凱聽後，微微一笑，感到十分欣慰，那位美容師也顯得格外開心。之後，那位美容師取得了可喜的成績。其上司也因為善於運用「讚美」激勵員工而得到玫琳凱的重用。

後來，玫琳凱在回憶這件事情時說：「我認為，直接告訴你的員工『You are very good！』『Good job！Well done！』是激勵員工的最佳方式，也是上下級溝通手段中效果最好的，因為每個人都需要讚美。只要你認真尋找，就會發現許多運用『讚美』的機會就在你的面前。」從這件事情上，我們可以得到一些啟示：一句稱讚也許就是成功的靈丹妙藥。讚美不僅可以培養員工、提高員工的自信心，還可喚起員工樂於工作的熱情。艾倫．休格爵士是英國最懂得讚美之道的人之一。他常對著一些有前途的選手粗暴的咆哮「做得好！」而選手們頓時會笑顏逐開——正是這種反常的讚美，激勵了那些選手。

每個員工的成長、成功都離不開鼓勵，就企業而言，鼓勵就是給員工鍛鍊、證明自己能力的機會。在鼓勵的作用下，員工會認識到自己的潛力，並不斷發展各種能力，成為生活中的成功者。就管理者而言，鼓勵員工可以為自己樹立良好的個人威信，使上下級關係更為融洽，溝通更為便捷，也能夠提高員工的工作效率。如果管理者都能用鼓勵的辦法領導員工，那麼企業的管理水準勢必會上一個新的台階。

那麼管理者該如何把「做得不錯」及時、有效的傳達給你的員工呢？英國著名的小說家毛姆曾說：「人們嘴上要你批評他，其實心裡只想要被讚美。」這說明每個人都喜歡被稱讚，無論是老闆還是員工。具體的讚美要比籠統的表彰他的能力更有效。這能使被讚美的員工更清楚的意識到自己因何事而得到了讚美，進而把這件事做得更好。而且，針對某件事的讚美還可避免其他員工產生嫉妒心理。當然，有針

第九章 適時讚美你的員工

告訴員工「做得不錯」

對性的表揚員工的工作，然後再提出自己的建議，不可不說是精明的管理者所應掌握的激勵員工的重要方法。這樣的做法，不僅可以激發員工的工作熱情，而且還能達到圓滿完成任務的效果。

艾森曾經領導過一家規模龐大的洲際性保險公司。他對員工有個十分特別的稱讚方式——當任何一位員工達到或是超越基本業績的要求時，便寄給他們一封讚美信！

在第一封信中，艾森還會附上一個印著紅色「成功檔案」醒目字樣的檔案夾，然後才是信的內容：「將這封信，以及日後不論是我、公司其他主管、保戶或是任何人寫給你的讚美信函全部存放在這個檔案夾中。在未來的日子裡，你也許會遭遇失敗、挫折，也許會對自己喪失信心，但是不論遭遇到如何不如意的事，請你拿出這個檔案夾，重新閱讀這些寫滿讚美的信函。這些歷史性的信函證明了你曾經是成功者，是個令人讚歎的實力派人物——你絕不是個泛泛之輩。你曾經登上成功的高峰，現在，你一樣可以做得更棒！」

這種特殊的稱讚方式，得到了很多員工的理解和支持。他們喜歡這樣的表揚方式，也默默努力著，希望收到更多這樣的信函。一些員工反映，每當他們反覆的閱讀這些信函時，似乎真的可以克服業績不佳及事事不順心時期的沮喪心態。

因此，管理者要學會公正、公開、及時的稱讚員工。所謂公正，就是要做到一碗水端平。要做到公正的稱讚員工，就要做到對有缺點的員工公正，對超越自己的員工公正，稱讚自己喜歡的員工要適度。同時，傳達「你做得不錯」時，可以選擇非常公開的方式對單獨的一個人進行表揚。這樣不僅可以鼓勵被稱讚的員工，讓他意識到管理者對他的肯定和讚賞，也可以給其他員工樹立榜樣，鞭策其他員工努力工作、做出成績。另外，讚美是對一個人的工作、能力、才幹及其他積極因素的認可。及時的讚美，可使員工了解自己行為的結果，是一種對自我行為的回饋，而回饋必須及時才能更好的發揮作用。

給員工一分讚美比批評十分要管用

激勵大師戴爾．卡耐基曾說：「當我們想改變別人時，為什麼不用讚美來代替責備呢？縱然員工只有一點點進步，我們也應該讚美他。因為，那才能激勵別人不斷的改進自己。」讚美含有巨大的能量，也是催人向上的最好動力。管理者如果能掌握它、運用它，將「嘿，做得不錯」有效的傳達給員工，就能真正激發員工的積極性和創造力！

艾克森每年都會受邀參加某單位的圖書評審工作，這個工作雖然報酬不多，但卻是一項榮譽，很多人想參加卻找不到門路，也有人只參加一兩次，就再也沒有機會了。因此，大家對此都羨慕不已。是什麼原因讓艾克森年年有此殊榮呢？直至艾克森年屆退休時，有人問他其中的奧祕，他才微笑著向人們揭開了謎底。

原來，他之所以能年年受邀，並不是因為他的專業眼光和職位關係，而是他能熱情的給他人以激勵，委婉的給他人以批評。當他發現某些錯誤時，他會在會議結束之後，找來圖書的編輯人員，私底下告訴他們編輯上的缺點。這樣，不僅保住了圖書編輯人員的面子，還使得承辦該項業務的人員也都很尊敬他、喜歡他，當然他也就能每年都當評審了。

艾克森的這種批評方式間接的鼓舞了那些編輯人員，不能不將其視為一種高明的激勵手段。雖然批評是一件令人十分難為情的事情，但是艾克森卻能將它把握好並自然運用。

可以說，一名優秀、成熟的管理者總是善於在表揚中一箭雙鵰：既鼓勵了員工的先進和優點，又鞭策、指出了其落後和缺點。這種婉轉的、間接的批評，是一種引導與鞭策，往往比直接的批評更有說服力，更有利於激發落後者的內在動力。

第九章 適時讚美你的員工

給員工一分讚美比批評十分要管用

伏爾泰曾有一位懶惰的僕人。一天，伏爾泰請他把鞋子拿過來。鞋子是拿來了，但卻布滿了汙泥。於是伏爾泰問道：「你怎麼不把它擦乾淨呢？」那位僕人說：「用不著，先生。路上盡是汙泥，兩個小時以後，您的鞋子又要和現在一樣髒了。」伏爾泰沒有講話，微笑著走出門去。「先生慢走！櫥櫃上的鑰匙還沒給我呢，我還要吃午餐呢。」「朋友，還吃什麼午餐？反正兩小時以後你又將和現在一樣餓了。」

在這裡，伏爾泰巧用幽默的話語，批評了僕人的懶惰。如果他厲聲喝斥他、命令他，就不會有這麼好的效果了。

日本的「經營之神」松下幸之助一次在公司餐廳招待客人，一行六個人都點了三明治麵包。等六個人都吃完主餐，松下幸之助讓助理去請烤三明治麵包的主廚過來，他還特別強調：「不要找經理，找主廚。」助理注意到，松下幸之助的三明治麵包只吃了一半，心想一會兒的場面可能會很尷尬。主廚來時很緊張，因為他知道請他的客人是松下幸之助。「是不是有什麼問題？」主廚緊張的問。「烤三明治麵包，對你已不成問題，」松下幸之助說，「但是我只能吃一半。原因不在於廚藝，三明治麵包真的很好吃，但我已八十歲了，胃口大不如前。」

主廚與其他的五位用餐者面面相覷，大家過了好一會才明白是怎麼一回事。「我想當面和你談，是因為我擔心你看到吃了一半的三明治麵包送回廚房，心裡會難過。」松下幸之助的這一委婉式批評，可以看作是對主廚的激勵，這樣做的好處是既顧及了員工的面子，又對員工做到了很大的鞭策作用。如此，員工也會體諒你的立場與好意，進而以積極的工作熱情來回應。

如果說讚美是撫慰靈魂的一縷陽光，那麼批評就是照耀靈魂的一面鏡子，能讓人更加真實而深刻的認識自己。管理者恰如其分的稱讚會讓員工有春風拂面、信心倍增之感，而有分寸的批評則如和風細雨般滌蕩心靈，同樣能讓員工甘願敞開心扉、誠心接受、引爆潛能。

需要提醒的是，在讚美員工時，一定要讚揚工作結果，而非工作過程。如果一件工作還沒有完成，你僅僅是對員工的工作態度或工作方式感到滿意就進行讚揚，很有可能達不到理想的效果，因為這種基於工作過程的讚揚，會增加員工的壓力。你可以說「你做事效率真高，看來，你確實在這方面獨有所長。」而不應說：「祝賀你，提前完成了任務。」當然，這還可以看作是側重表揚員工個人魅力的方式。

批評是一種藝術，只有掌握好這項藝術的「尺度」，才能讓員工心服口服，將其潛能發揮出來，樂意為你效勞。一名高明的管理者從來都明白：批評不是「打一巴掌，給一個甜棗」，而是與激勵相輔相成的，它是員工「激勵功能表」中的一份激勵佳餚。

管理者要善於全方位實施「精神薪資」激勵。所謂精神薪資，就是對員工精神上的一種滿足和激勵，讓員工能夠感覺到公司的溫暖和關懷。精神薪資的形式不拘一格，可以是一句真誠的讚美或是一聲溫馨的祝福，因公司、對象的不同而有所不同。很多管理者錯誤的認為，只要員工的薪資、福利待遇好，滿足其物質上的需求，就能實現預期的目標。事實上，薪資只是其中的一部分，一名優秀的管理者，要想充分發揮員工的積極性和創造性，就要學會利用「精神薪資」的方式進行管理。這樣不僅不會使你的管理權力被削弱，相反的，還會使自己更加容易安排工作，並能使員工更加願意服從你的管理。

日本麥當勞社長藤田田是一個善於感情投資的人。他著有一本暢銷書《我是最會賺錢的人》，並將自己的所有投資分類研究回報率寫入其中，結果發現在所有的投資中，感情投資花費最少、回報率最高。藤田田每年都會支付一大筆錢給一家特定的醫院，作為保留病床的基金。當職員或家屬生病、發生意外時，可立刻住院接受治療。即使在星期天有了急病，也能馬上送入指定的醫院，避免在多次轉院途中因來不及施救而喪命。有人因此問藤田田：「如果你的員工連續幾年裡都沒人生病，那這筆錢不是白花了？」藤田田回答：「只要能讓員工安心工作，對我來說就不吃虧。」

藤田田的另外一個創舉就是將每個員工的生日作為個人的公休日，以便讓員工和家人一起享受美好時光。這樣，員工們總能在生日那天開開心心的度過，第二天早早的就精力充沛的投入到工作當中了。藤田田對員工的這些人性化的「精神薪資」激勵，點燃了手下眾多員工的工作熱情，也使公司的凝聚力增強了。在以後的工作中，員工們更加擁護他了，也更加心甘情願為他效力了。

所以，不要抱怨自己的員工不夠聰明，也不要責備他們的工作效率低，而要從自身找原因，看自己是否實踐了「精神薪資」激勵，是否實踐了卓有成效的感情投資。

金錢激勵 vs. 精神激勵

金錢激勵是指團隊成員完成一定績效，而得到相應報酬作為獎勵。團隊成員為組織作出貢獻，基本目的就是取得薪資報酬，以維持和改善日常生活。保證正常生活是團隊成員的基本需要，決定了其他需要的存在。研究表明，僅靠目標設定來激勵生產，員工的生產率平均可以提高百分之十六；對工作進行重新設計以使工作更為豐富化，會帶來百分之八至百分之十六的提高；以金錢作為刺激物可以使生產率平均提高百分之三十。金錢激勵是激勵方式中的一種，它並不是唯一有效的激勵方式，但是最直接也是必不可少的激勵方式。

幾年前網路泡沫的時候，我有一個在微軟工作的朋友對我說，微軟的股票要再大幅增長很難，所以，他決心離開微軟加盟加州的一家剛剛 IPO 的網路公司。在他的頭腦中，他之所以當初來微軟工作就是看中了它的股票升值速度，希望做上三、五年就變成百萬富翁。發財的夢想既然在微軟不能實現，那就只能跟它說再見了。

朋友的離職讓我想了很久，因為絕大多數的微軟員工那時都沒有走——已經成了百萬富翁的和還沒有成為百萬富翁的，依然勤奮刻苦的努力工作著。而我的朋友走了，去了那家如今已經不存在的網路公司。

金錢激勵的多種方式：績效薪資方案。這種薪資方案並不基於工作時間的長短，而是根據工作績效的高低進行分配。這些工作績效的內容包括：個體工作績效、團隊工作績效、部門工作績效及組織總體的利潤水準。例如：美孚公司的員工可以拿團隊績效獎勵薪資，它相當於基本薪資的百分之三十。

不以學歷、年資為金錢激勵的先決條件。許多企業採用按學歷和年資分配薪資獎金，卻得不到相應效果。許多新入職員工學習能力較強，成長迅速，開拓新的業務與技術，卻始終得不到嘉獎；相反，一些老員工沒有新的作為卻總是拿更多的薪資和獎金。這就造成了不公平感，打擊了部分員工的積極性，甚至造成矛盾衝突和人員流動。越來越多的企業發現，金錢激勵最好的衡量標準是工作難度和業績水準。這樣既能有效促進個人發展，也能形成良好的競爭氛圍。

對一個團隊進行金錢激勵時，首先要遵循的原則就是公平原則。管理者必須撇開成員的學歷、年資來制定積極有效的激勵措施。團隊成員一旦感到不公平，整個團隊便失去前進的平衡，團隊成員容易形成不良競爭、失去信任關係，團隊運作受到負面影響。公平的按個人業績及團隊整體業績進行獎酬，才能促使團隊成員都積極為了實現更多自身利益及團隊利益而努力貢獻。

適當採取透明公開方式。為了進一步展現公平原則，實現有效的激勵作用，團隊可以採取適當的透明公開薪資獎金。要能夠公正的告訴團隊成員，為什麼有些成員薪資較高，為什麼有些成員薪資較低，更重要的是，要讓成員認識到，每個人都可以透過自己的努力獲得更高的薪資獎金。

金錢激勵不是唯一的激勵方式，人們仍然客觀的需要精神激勵。精神激勵就是激發成員的熱情，促使其堅持某個行動方向以實現組織願景和目標。

作為團隊管理者，最大的財富就是你的團隊成員。你真正的成就都取決於如何讓他們更好的為這個整體而工作。所有的團隊成員都是賦有社會角色的人，而不是工作的機器。他們有感情、有需要，他們對一份工作有自己的感知。如果他們喜愛這裡的工作，就會樂意傾力貢獻。要想讓團隊成員更好的為團隊貢獻，管理者就必須重視每一個成員。

有一位戰士小王，一九八六年入伍，他自幼喪母，父親又多病父親，連隊幹部都很同情他。小王有個「驢」脾氣，只要你哄著他、順著他，什麼又髒又累的工作都搶著做。如果不順著他，他不僅發脾氣，而且還能影響很多人。該連的張連長知道小王的脾氣，什麼事都由著他，只要小王能積極工作怎麼都行。

一九九〇年連隊施工，小王鬧著要回家看看生病的父親。張連長想：當前的施工任務緊，放他回去吧人手少，如果不放他回去，他一定鬧脾氣，影響工作，最後還是放他回去了。為此小王非常感激連長，逢人便說：「連長真夠意思。」此後他幹勁倍增。可沒多久，他又鬧脾氣了，指導員與他進行了長時間交談，逐漸的使小王認識到自己的錯誤。指導員不僅在情緒上安撫小王，而且在生活等各方面都關心愛護小王。一次，指導員得知小王的父親又生病了，便號召全連幹部為小王的父親捐款。小王非常感動，誠懇的向指導員保證，今後自己一定要努力工作，改正錯誤，徹底改造自己的世界觀。

一年後，他成了連隊得力的骨幹幫手。

大多數員工表明，如果他們感受到管理者的重視和關心，就會盡心盡力樂於奉獻，甚至付出額外努力完成所接受的任務。對成員的重視與關心，能使他們更出色的完成任務，包括那些繁瑣累人的工作。

一個績效非常高的團隊成員回憶道，在過去幾年中，我們四人團隊都歸他領導。在每天工作結束時——無論這一天是多麼緊張忙碌或試圖完成的工作有很多——他都會走到我們每個人的桌前說「謝謝你今天的優異表現。」這樣的狀況在一般企業很難發生，但一個團隊管理者在四年間堅持每一天對他的團隊成員說一句激勵的話，這意味著激勵非常重要，值得去堅持，也意味著激勵非常有效，否則一個管理者不會平白無故堅持四年。

一個團隊管理者就是對團隊成員工作成績的直接評價者，你很可能因為不夠重視成員的工作成績而傷害到成員的積極性和自尊心。在任何情況下，團隊管理者都需要向團隊成員傳達這樣的資訊：你對整個團隊非常重要。真誠的接觸你的團隊成員，讓他們真實的感受到你的重視。作為管理者需要真誠的讚揚團隊成員，讓他們感受到你的滿意和愉快。適當的運用肢體交流，握手或用手拍拍下屬的肩膀表示你的肯定。

及時激勵要將團隊管理者應該把漫長無效的電話或會議時間節省下來，投入到發現成員的成就並及時給予讚揚。這樣在同樣的工作時間內，取得的團隊績效便會大大提高。

讚美含有巨大的能量

亞伯拉罕．林肯曾經說過：「人人都需要讚美，你我都不例外。」而馬克．吐溫則說：「一句讚美的話能當我十天的口糧。」可見，學會讚美別人是建立並維持良好人際關係的祕密武器。一個懂得讚美藝術的管理者，能針對不同性格的員工給予不同的讚美，並以此推動自己的工作和事業。而做到這一點，甚至不需要絲毫物質上的付出，就可以得到超乎想像的回報！

韓國某大型公司有一位清潔工，本來可能是一位被人忽視、被人看不起的角色，但就是這樣一個人，卻在一天晚上，在公司保險箱被竊時，他與小偷進行了殊死搏鬥。事後，有人為他慶功並問他的動機時，他的答案卻出人意料。他告訴大家，因為公司的總經理從他身旁經過時，總會不時的讚美他：「你掃的地真乾淨。」就這麼一句簡簡單單的話，使這位員工受到了感動，並在關鍵時刻挺身而出。

天底下所有的人在付出心力之後，都不希望別人無動於衷，而是至少對自己的付出有一點感激的心情。儘管每個人表面上看起來好像都很獨立很自足，可是骨子裡誰都需要別人的認可，來確定自己存在的價值。自己心裡渴望別人的認可和鼓勵，可是因為太忙或工作壓力太大，而忘了要去認可、鼓勵別人。

以前，有位宰相請一個理髮師為自己理髮。理髮師給宰相修臉修到一半時，一不小心把宰相的眉毛給刮掉了。這可怎麼辦呢？他暗暗叫苦，心中十分害怕，如果宰相怪罪下來，那可是吃不了兜著走呀！畢竟理髮師是個老江湖，深知一般人心理：盛讚之下無怒氣嘛。他情急生智，連忙放下手中的剃刀，故意兩眼直愣愣的看著宰相的肚皮，彷彿要把宰相的五臟六腑看個透似的。宰相見他這副模樣，感到莫名其妙，迷惑不解的問道：「你不修臉，卻只看我的肚皮，這是為何？」理髮師故意裝出一副傻乎乎的

第九章 適時讚美你的員工

讚美含有巨大的能量

樣子說：「人們常說，宰相肚裡能撐船，我看大人的肚皮並不大，怎麼能撐船呢？」宰相一聽，哈哈大笑：「那是說做宰相的氣量很大，對一些小事情都能容忍，從不計較。」理髮師聽到這話，急忙「撲通」一聲跪在地上，聲淚俱下的說：「小的該死，方才修臉時不小心將相爺的眉毛刮掉了！相爺氣量大，請千萬恕罪。」宰相一聽啼笑皆非：眉毛給刮掉了，叫我今後怎麼見人呢？但又冷靜一想：自己剛講過宰相氣量大，怎能為這種小事自食其言呢？想罷，宰相豁達的對理髮師說：「無妨，去拿枝筆來，把眉毛畫上就是了。」

讚美，是一種力量。今天這個年代，沒有一位管理者能否認讚美員工的實用性。員工值得獎勵的時候，管理者不應該這樣想：我想讓他知道我感謝他，可是我找不到適當的方法來表達，所以就算了！今天這個社會，員工如果受到忽略，他不會再消極的認命。在某些情況下，你不定期做一次例行考核，然後根據考核成績獎勵他們，他們就會很滿意。管理現代的員工，積極的採用讚美、表揚的方法，已經不再可有可無了，而是一種必須。

某諮詢公司有一位電話行銷人員，從進入公司的第一個月起就創造了很多奇蹟：最早出訂單，平均每筆訂單的利潤最高，與客戶關係最融洽，個人業績占到公司業績總額的百分之六十以上等。經過觀察發現，原來這位電話行銷人員在讚美客戶方面做得非常好。我們摘錄一則案例如下。

電話行銷人員：您好！趙經理，我是「一點就通」諮詢公司的舒紅。聽陳總說，您在電話行銷方面非常有經驗，而我們公司剛好是一家專注於電話行銷的培訓諮詢公司。今天打電話給您，是真心想請教一下您在打電話方面的銷售經驗。您現在說話方便嗎？

客戶：有什麼事你講吧。

電話行銷人員：趙經理，我很想從您這裡學習更多的電話行銷經驗，您覺得電話行銷人員的業績好壞主要與什麼有關係呢？

客戶：我覺得主要與電話溝通技巧有關。

電話行銷人員：趙經理您對電話使用真的很有研究。趙經理，您覺得電話行銷人員的電話溝通水準主要展現在哪些方面呢？

客戶：在我們公司主要展現在約見客戶這個環節。因為我們公司的業務開展是首先用電話預約，然後上門拜訪，面對面銷售。這樣，一個電話行銷人員的電話約見能力就直接影響到他每天接觸的客戶的數量，當然對業績也就有直接影響了。

電話行銷人員：趙經理，我絕對同意您的看法。那麼貴公司的電話行銷人員在電話溝通方面的能力能達到您的要求嗎？

客戶：還是有點差距。

電話行銷人員：差距主要表現在什麼方面呢？

客戶：一方面是突破障礙的能力，有一部分電話行銷人員在繞過前台這一關時總是很費力；另一方面是開場白不夠吸引人，這樣就導致了相當一部分電話行銷人員因為無法吸引目標客戶的注意力而功虧一簣。這就是差距。

電話行銷人員：趙經理，與您通話，我感覺您的思路非常清晰，而且洞察問題的能力很強。聽您剛才的談話，我的理解是：由於有些電話行銷人員不能約到足夠的客戶，這樣就直接影響到他們的業績，對吧？

客戶：是這樣的。

電話行銷人員：趙經理，前面我簡單提到過，我們公司一直專注在電話行銷領域的研究和應用工作。如果我們有機會合作，透過培訓讓您的電話行銷人員可以更好的使用電話與客戶交流，進而增加約見客戶的數量，並更好的提升銷售業績，您覺得怎麼樣？

客戶：好是好，只是培訓工作都是我們人力資源部在負責，我們只是提需求而已。

電話行銷人員：我理解，趙經理，正常情況下是您把培訓需求告訴人力資源部，然後由他們來尋找資源、安排培訓，對吧？

客戶：是的，所以，你還是與人力資源部談談吧。

電話行銷人員：沒問題，首先謝謝趙經理。請問人力資源部與誰談呢？

客戶：你找王經理吧。

電話行銷人員：好的，我馬上給王經理打電話，他的名字是……？

客戶：王天，分機是123。

電話行銷人員：好，我會隨時把與王經理談話的結果向您彙報。同時，也希望有更多機會向您學習。

沒有一位員工願意做一個平庸的人，每位員工都希望力爭上游。因此，員工如果有優良的表現，你期望他繼續保持下去，就應該用獎勵的方法，正面去肯定他。在現代社會裡，肯定與獎勵，比以往任何時候都來得重要。現在，對於員工的行為，管理者的影響力越來越低。今天的管理者不能強迫員工一定要做什麼，只能像一個教練一樣，間接的影響他，盡量讓員工依照管理者所希望的方法去做。同時，管理者對員工的要求越來越高，他們希望員工以自治和自律的方式，在工作的質和量方面達到更高的標準。在這種情況下，管理者有必要創造一個能夠激發員工士氣的環境。

某飯店有一位櫃台員工，工作勤勉不懈，任勞任怨，深受顧客的好評。但有一天，她突然提出辭職。這家飯店的薪資待遇在當地算是比較好的，而且她也一直努力的工作。問她為什麼要辭職不做，她說：「沒意思，做好做壞還不是一樣的嗎？」一語道破天機。這就是為什麼我們有許多的企業留不住好的員工，為什麼員工流動率這麼高，有的甚至超過百分之三十的流動率！就像有的員工所說的，「酒店付我很多的錢，我不在乎；可是當我把工作做得很好時，我希望上司能向我說聲謝謝，或者至少向我表示點什麼，讓我知道他很重視我的存在，」「每當我把事情搞砸了，就會聽到上司的聲音，可是相反的，如果我把事情辦好了，我卻什麼也聽不到。」可見，獎勵是多麼的重要！

其實，獎勵不一定用錢的。如何透過內心的交流去激勵每一位員工，抓住員工的心，往往比花錢更能達到效果。每一個人做一份工作，基本的心態都是想把這件事情做好，抱著一顆成功的心去做事情。管理者需要做的僅僅是抓住這份熱情，把這份熱情化作工作的催化劑，透過理解、溝通、尊重等來點燃這股熱情，知道員工的需要，力所能及的滿足他們的需要，才能達到最佳的激勵效果。

學會欣賞員工

十九世紀末，美國維吉尼亞州有一個孩子異常頑劣，他曾偷偷向鄰居家的窗戶扔石頭，還把死兔子裝進桶裡放到學校的火爐裡燒烤，弄得臭氣熏天。氣惱不已的父親對他連打帶罵，卻效效甚微，他依然熱衷於各種各樣的惡作劇。

在這個孩子九歲那年，父親把繼母娶進了家門。當時他們是居住於鄉下的貧苦人家，而繼母則來自較好的家庭。他父親一邊向她介紹孩子，一邊說：「親愛的，希望你注意這個全縣最壞的男孩，他可讓我頭疼死了。說不定會在明天早晨以前就拿石頭扔向你，或者做出別的什麼壞事，總之讓你防不勝防。」出乎孩子意料的是，繼母微笑著走到他面前，托起他的頭看著他，接著又看著丈夫說道：「你錯了，他不是全縣最壞的男孩，而是最聰明卻沒找到發洩熱忱地方的男孩。」

繼母這句話，讓男孩心裡熱呼呼的，眼淚幾乎滾落下來。就憑她這句話，他開始與繼母建立友誼；也就是這一句話，成為激勵他的一種動力，使他日後創造了成功的二十八項黃金法則，幫助千千萬萬的普通人走上成功的光明大道。這個男孩，就是大名鼎鼎的戴爾．卡耐基。

每個人都喜歡聽讚美之詞，它是照在人們心上的一束燦爛的陽光，它能帶給你情感的溫馨，能帶給你生活的自信，還能帶給你前進的動力。在你穿新衣服時，別人說「這衣服穿在你身上真漂亮！」你會因此而喜歡穿這件衣服。在你理完髮後，別人說「這髮型真好看！在哪理的？」你會因此而經常光顧那家理髮店。在你打籃球時，別人說「你籃球打得真帥！」你會因此而特別鍾愛這項運動。

哲學家詹姆士精闢的指出：「人類本質中最殷切的要求是渴望被肯定。」熱情、向上的員工更是如此。管理者的讚美是陽光、空氣和水，是員工成長不可缺少的養分；管理者的讚美是一座橋，能溝通管理者與員工的心靈之河；管理者的讚美是一種無形的催化劑，能增強員工的自尊、自信、自強；管理者的讚美也是實現以人為本的有效途徑之一。管理者的讚美越多，員工的熱情就越足，工作的勁頭也就越高。

一個窮困潦倒的英國青年一篇又一篇的向外投寄稿件，卻一篇又一篇的被編輯退回。一次次的打擊使青年幾乎喪失了所有的信心。正當他準備放棄時，他意外的收到一位編輯的來信，信很短：「親愛的，你的文章是我們多年來夢寐以求的作品；年輕人，堅持寫下去，相信你一定會成功的！」正是這句讚美的話，給了絕望的青年以勇氣、力量和信心，讓他堅持寫了下去。後來，這位年輕人成了一代文豪，他就是狄更斯。

在企業管理中，總是會有些員工常常不期然的陷入困境而難以自拔，以至於有人因此自暴自棄。這時候，來自管理者的真摯而熱忱的話語，就可能改變一個員工的一生。不要懷疑，對於一顆冰冷絕望的心靈來說，一聲問候就是一縷溫暖人心的陽光，一個祝福就是一段催人奮進的鼓點，一句讚揚就是一面激流勇進的風帆，一語鼓勵就是一道引人向上的階梯……而這些話語，就蘊藏在每一顆真誠而善良的心靈裡；作為企業的一名管理者，我們所能做的，就是在適當的時候，將它們送給急需的人們。正如巴金先生所說的那樣：「我們活著就要給我們生活在其中的社會添一點光彩，這個我們辦得到，因為我們每個人都有更多的愛，更多的同情，更多的精力，更多的時間，比維持我們自己生存所需要的多得多，只有為別人花費了它們，我們的生命才會開花。」

週末，一位猶太人和他的朋友搭車去倫敦。下車時，這個猶太人對司機說：「謝謝，搭你的車十分舒服。」司機聽完愣了，好久才問了一句：「你是在嘲笑我嗎？」「不，司機先生，我很佩服你在交通混亂時還能沉住氣。」司機沒再說什麼，便駕車離開了。「你為什麼會這麼說？」朋友有些不解。「我想讓人間多點人情味。」這個猶太人答道。「靠你一個人的力量怎麼辦得到？」「我相信一句小小的讚

第九章 適時讚美你的員工

學會欣賞員工

美能讓那位司機一天都心情愉快。如果他今天載了十位乘客，他們受了司機的感染，也會對周圍的人和顏悅色。這樣算來，我的好意可間接傳給五百多人，不錯吧？」「但你怎麼知道司機會照你的想法去做呢？」「我並沒有寄望於他，」猶太人回答，「我習慣多對人和氣，多讚美他人。」「但是你這樣做有什麼效果呢？」「就算沒效果我也毫無損失呀！開口稱讚司機花不了我幾秒鐘。如果那人無動於衷，那也無妨，明天我還可以再稱讚另一個司機呀！」「我看你的腦袋有點毛病了。」「不！你錯了。我曾調查過郵局的員工，他們最感沮喪的除了薪水微薄外，就是沒有人對他們的工作給予肯定。他們覺得沒人在乎他們的存在。我們為何不多給他們一些鼓勵呢？」

他們邊走邊聊，途經一個建築工地，猶太人問旁邊的建築工人：「這棟大樓蓋得真好，你們的工作一定很凶險、很辛苦吧？」工人並沒有回答他。「工程何時完工？」猶太人繼續問道。「半年。」一個工人才回了一聲。「這麼出色的成績，你們一定很引以為榮。」

離開工地後，猶太人對朋友說：「這些人也許會因我這一句話而更起勁的工作，這對所有的人來說何嘗不是一件好事呢？」

管理者不要吝惜自己的語言。要學會真誠的讚美每個員工，這是促使人們正常交往和更加努力工作的最好方法。因為每一個人都希望得到稱讚，希望得到別人的承認。在人們的日常生活中，人們會驚奇的發現，小小的關心和尊重會使管理者和員工關係發生很大的變化。

尊重是加速員工自信力爆發的催化劑，尊重是激勵的一種基本方式。上下級之間的相互尊重是一種強大的精神力量，它有助於企業員工之間的和諧，有助於企業團隊精神和凝聚力的形成。

如果你發現某名員工情緒不高，並及時的問候了他，表示你的關切，他會心存感激的。再推進一步，假如你的同事或下屬感到你在真誠的欣賞他，他會以最大的忠心和熱忱來報答你和你的企業。因為我們每個人都需要得到承認。員工們有情感，希望被喜歡、被愛、被尊敬，也要求別人不把自己看作是個機器。作為一個人，員工們有特有的抱負、渴望、理想和敏感。

你要學會洞察員工的喜怒哀樂，對好人好事要充分的給予肯定，並適時適的進行鼓勵；反之，對其難以接受的事物必須加以說明、指導和糾正。只有這樣，全體幹部員工才能在和諧、進取的良好氛圍中團結一心，創造出更加優異的成績。

不要吝嗇你的讚美

俗話說：「一句話，讓人跳！一句話，讓人笑！」大多數人都愛聽誇獎和讚美的話，那麼我們何不慷慨的用適當的語言讚美別人呢？

管理者在對下屬進行誇獎時，應該兼顧到所有人，不管是新人還是老員工，不管是曾經的失敗者還是一貫的成功者，只要他們有值得表揚的地方，就應該毫不吝惜的去讚美他們。

有一個富翁特別喜歡吃烤鴨，於是重金聘用了一位技術高超的師傅每天為他烤一隻鴨。大廚師名副其實，每天烤出的鴨皮脆肉鬆，香噴可口。但富翁為人刻薄，即使天天吃到美味的烤鴨，也從不肯說一句讚美的話。後來，廚師烤出的鴨都只有一條腿，富翁覺得奇怪，但礙於身分又不好過問。過了一段時間，情況還是這樣，富翁忍不下去了，就忍不住責問廚師為什麼烤出的鴨子只有一條腿，另一條腿上哪裡去啦？廚師回答道：「哎呀！你不知道，這些鴨子都只有一條腿。」富翁不信，天底下哪有全是一條腿的鴨子，於是廚師就帶他到後院去看。這時，因為天氣炎熱，鴨子們都縮著一條腿在樹下休息。廚師說：「你看，鴨子都只有一條腿吧！」富翁不信，當即拍了幾下手掌，掌聲驚動了鴨群，他們紛紛伸出另一條腿然後離開了。富翁說：「你看，鴨子不都有兩條腿嗎？」廚師回答說：「是的，如果你提前鼓掌的話，那鴨子老早就是兩條腿了！」

其實，我們每個人的內心深處，都有希望得到別人讚美的心理。試問：如果你每天聽到的都是指責你的錯誤、缺點的話，你會高興嗎？一定不會，而且一定會很討厭指責你的那個人。相反，如果你經常能聽到鼓勵和讚美的話，尤其是在你情緒低落、心灰意冷的時候，有個人不斷鼓勵你，你一定會因此信心倍增，也會更加喜歡這個人。

輕鬆做主管 Be a relaxing manager

用「心」管理，不是用「薪」管理

一個小女孩因為長得又矮又瘦被排除在合唱團外，而且，她永遠穿著一件又灰又舊又不合身的衣服。小女孩躲在公園裡傷心的流淚。她想：我為什麼不能去唱歌呢？難道我真的唱得很難聽？想著想著，小女孩就低聲唱了起來。她唱了一支又一支，直到唱累了為止。

「唱得真好！」這時，一個聲音響起來，「謝謝你，小女孩，你讓我度過了一個愉快的下午。」小女孩驚呆了！說話的是個滿頭白髮的老人，他說完後就走了。小女孩兒第二天再去時，那老人還坐在原來的位置上，滿臉慈祥的看著她微笑。於是小女孩又唱起來，老人聚精會神的聽著，一副陶醉其中的表情。最後他大聲喝彩，說：「謝謝你，你唱得太棒了！」說完，他仍獨自走了。

這樣過去了許多年，小女孩兒成了大女孩，長得美麗窈窕，是本城有名的歌手。但她忘不了公園靠椅上那個慈祥的老人。於是她特意回公園找老人，但那裡只有一張小小的孤獨的靠椅。後來才知道，老人早就死了。

「他是個聾子，都聾了二十年了。」一個知情人告訴她。

從這個故事中可以看出，老人的一句表揚的話「唱得真好！」「你唱得太棒了！」就讓傷心的小女孩有了唱下去的信心和勇氣，最後竟然成為一個美麗而有名的歌手。由此，讓我們明白了一個深刻的道理：不要吝嗇你的表揚。對於你來說，哪怕有時候只是一句不經意的脫口而出的話，對於員工來說，也許就是一次成功的鼓勵，甚至是走向人生的另一個轉折的動力。

可是，偏偏我們總會遇到一些人不懂得運用這種成本低廉、效益驚人的交際工具，員工每天聽到的只有無盡無休的批評和指責，讓員工一見到這樣的主管就噤若寒蟬，無所適從。長期下去，造成團隊氣氛緊張壓抑，員工根本不敢發揮自己的主觀創造能力，形成一灘死水，毫無生機。

對有缺點的員工也要適當表揚。所謂「尺有所短，寸有所長」，每個人都不是完美無缺的，但也不是一無是處。對於經理來說，其下屬的員工也是各有長短。有的下屬缺點和弱點明顯，比如工作能力

第九章 適時讚美你的員工

不要吝嗇你的讚美

差，與同事不和，衝撞上司等。這些缺點一般都受上司的厭惡，上司對這樣的人也容易犯以偏概全的錯誤，看不到他們的成績和進步，或者認為即使取得成績或進步，那也應該與其缺點相互抵消，不值得表揚。

其實，有缺點的員工更需要表揚。因為稱讚是一種力量，它可以督促下屬彌補不足、改正錯誤，而上司的冷淡和無視則會使這些人失去了動力和力量，無助於問題的解決與缺點的改進。一般人常常會這樣認為，受到上司表揚的人應該是沒有太多缺點的人，因此，稱讚可以讓那些有缺點的下屬感到被重視，進而會激發他們去改進自己的缺點。

表揚那些作出努力的下屬。很多經理往往只看結果，不注重過程，以成敗論英雄，只去表揚那些取得了一定成績的下屬；卻沒有發現，有很多員工在工作中往往也付出了很大的努力，但是並未收到相應的成效，這種情況本身也會讓員工產生挫敗感。其實，這類下屬是最需要上司的肯定與鼓勵的。所以，如果僅僅以結果來評定一個人的好壞，那是不公平的。有些下屬的工作業績雖然不理想，但他們的確努力過，對這些人經理千萬不能置之不理，也要適當的予以肯定和鼓勵。

一天，電視台體育評論家宋世雄「」搭計程車到電視台轉播一場比賽。司機將他送到電視台後說：「宋老師，轉播完球賽都深夜一點了，您怎麼回家呢？我夜裡一點再回來接您！」多年以後，宋世雄還回憶說：「人生當中，還有什麼比這種真摯的關心和讚美更珍貴呢？這位終日在大街小巷中奔忙的司機並不懂公關技巧、公關心理，但他有一顆關愛別人的善良之心。」這位司機一句源自真心的話語，將自己對宋世雄的讚美之情寓於生活之中，感人肺腑。因此讚美有時沒有必要刻意修飾，遣詞造句，只要源於生活，發自內心，真情流露，就會收到讚美的效果。

要想成為一名出色的管理者，不能只重視那些圓滿完成任務的人。那些已經盡力甚至作出了巨大犧牲，但出於其他無法克服的原因而未能完成任務的下屬，一次失敗可能使他們喪失了自信，沒有了鬥志，如果經理人員能適時的鼓勵或者表揚一下，讓他們明白自己的心血沒有白費，他們肯定會重新恢復自信，找回自我。那麼下一次他們很有可能就不再是失敗者了，而是成功者。

今天，你讚美員工了嗎

生活中的每一個人，都有自己的自尊心和榮譽感，也都有被關心、被認同的需求。孩子是這樣，員工同樣也是這樣。能真誠讚美員工的主管，能使員工們的心靈需求得到滿足，並能激發他們潛在的才能。反之，當員工無法獲得必須的贊同，那麼他們對領導者的信任、信賴以及彼此間的關係都將惡化，進而引起業績的下滑，開始時很慢，微小得幾乎察覺不出，但是惡化會逐步擴大。最終，員工雖然人在崗位上，但心早已離開。有些管理者常常忽視對下屬的正面激勵。對他們的關心也過多的放在失誤和缺點上，這對鼓舞團隊士氣，提升員工工作熱情是十分不利的。

因此，管理者要善於發現和累積下屬的優點，千萬不要吝惜自己的讚美。表揚是一種工具，是一門藝術，值得每個管理工作者潛心研究。應該在每一天的工作中都時刻提醒自己：今天你讚美員工了嗎？

一天，卡耐基去郵局寄掛號信。年復一年從事著單調工作的郵局辦事員顯得很不耐煩，服務態度很差。當她給卡耐基的信件秤重時，卡耐基對她稱讚道「真希望我也有你這樣的頭髮。」辦事員驚訝的看著卡耐基，接著臉上泛出微笑，熱情周到的為卡耐基服務。卡耐基的一句稱讚，改變了服務員的工作態度，使他得到了良好的服務。

讚美是世界上最動聽的語言，一句讚美要比批評十句更管用。現實工作中，當員工付出艱辛勞動時、接受工作指派時、取得成果時甚至是受到委屈時，他們往往更渴望得到別人的尊重與承認。這時候，給予其真誠的讚美，讓人有一種如沐春風的感覺。因為讚揚就是認可他的價值，肯定他的工作，使他擁有一種成就感、滿足感。真正成功的團隊管理者，是那些善於恰當的讚美員工，肯定員工的人。作為企業管理者，若是能及時、恰如其分的給自己的下屬戴一戴「高帽」，想必一定能對改善上下級之間

輕鬆做主管 Be a relaxing manager

用「心」管理，不是用「薪」管理

的關係帶來意想不到的好處，會贏得下屬的好感和信任。更重要的是，它有時能給那些不太自信的下屬以極大的激勵，讓其精神抖擻、滿懷信心的去完成上級交給的任務。

因為讚美可以激發員工的熱情，挖掘出員工的潛能。在企業中，當管理者為員工搖旗吶喊時，員工會被這種認可和讚賞所感動，自然而然產生積極進取的力量，進而將自己的聰明才智充分的發揮出來，為企業多作貢獻。

某公司的主管最近提拔了兩位下屬小張和小李，並把二人分別安排在業務一部和業務二部。幾個月後，原本業績持平的兩個部門居然有了很大的差異。主管在參加了兩個部門的週會後，了解到了其中的端倪。

業務一部的主管小張是位以結果為導向的領導，而且個人業務能力很強，對下屬員工要求也很高。會議上小張總結了上週的業績額的數字，並且制定了本週的業績目標，還指定了相應的目標市場讓員工跟進。小張對市場分析和本部門的業績數字分析下了很大功夫，但是會議上員工沒有互動，沒有發言，分配完工作就散會各忙各的。員工機械化完成工作，不僅業績沒有像小張所預計的數字分布圖那樣上升，反而不斷下降。

業務二部的週會卻是討論得如火如荼，小李首先肯定了上週每一位員工的表現，又特別表揚了有進步的員工。其中小吳是部門新員工，業績比老員工差很多。小李首先表揚了小吳上週所做出的努力，還鼓勵小吳把工作中的困難說出來。從週會中小吳找到了解決困難的方法，其他員工也審視了自己工作中的不足，並加以改進。不久，小吳不僅追上了部門的銷售業績，並且超額完成任務。整個業務二部的業績也一直穩步上升。

企業的根基來自於基層員工。在企業越來越重視績效管理的今天，我們也應該越來越重視我們的績效文化。而績效文化中最重要的一點就是讚賞文化。精細化管理的運作更需要讚賞文化去推動。

第九章 適時讚美你的員工

今天，你讚美員工了嗎

但在企業的實際經營管理過程中，為什麼讚賞文化卻又如此缺乏呢？我們的管理者為什麼總是吝於讚美員工呢？當我們就此詢問我們的員工時，他們之中又有幾個在日常工作中受到過主管的表揚和讚美呢？漠視員工的工作表現，不花時間去學會讚美員工的行為，絕對是一種短視行為。這是區別一個企業走向平庸還是卓越的著眼點之一。

讚賞文化必須從企業最高層開始推行。公司內各個層面的員工都需要因自己所付出的努力而得到相應的關心和讚賞。這是營造積極和諧的企業文化的重要部分。只有每一層面都在關心與自己工作相關聯的同事和下屬，並不斷的鼓勵和讚賞他們的付出，我們的整個企業才有可能超越其他企業。

感性領導，以員工為中心的卓越管理：

輕鬆做主管 Be a relaxing manager ！用「心」管理，不是用「薪」管理

作　　者：宋希玉
發 行 人：黃振庭
出 版 者：財經錢線文化事業有限公司
發 行 者：財經錢線文化事業有限公司
E-mail：sonbookservice@gmail.com
粉 絲 頁：https://www.facebook.com/sonbookss/
網　　址：https://sonbook.net/
地　　址：台北市中正區重慶南路一段六十一號八樓 815 室

Rm. 815, 8F., No.61, Sec. 1, Chongqing S. Rd., Zhongzheng Dist., Taipei City 100, Taiwan

電　　話：(02)2370-3310
傳　　真：(02)2388-1990
印　　刷：京峯數位服務有限公司
律師顧問：廣華律師事務所 張珮琦律師

定　　價：350 元
發行日期：2023 年 09 月第一版
◎本書以 POD 印製

國家圖書館出版品預行編目資料

感性領導，以員工為中心的卓越管理：輕鬆做主管 Be a relaxing manager ！用「心」管理，不是用「薪」管理 / 宋希玉 著 . -- 第一版 . -- 臺北市：財經錢線文化事業有限公司 , 2023.09
面；　公分
POD 版
ISBN 978-957-680-671-1(平裝)
1.CST: 領導者 2.CST: 組織管理
494.2　112013118

電子書購買

臉書